U0219791

BREW

BREW

THE FOOLPROOF GUIDE TO MAKING WORLD-CLASS BEER AT HOME

自酿啤酒精进指南

在家酿造世界经典啤酒

[英] 詹姆斯·毛顿 著／崔云前 译

中国轻工业出版社

目　录

序 言

好啤酒来啦

我们极力避免陈词滥调，而是乐于接受新的饮酒方式。我们将充二氧化碳的“猫尿”味易拉罐啤酒倒入下水道，并打开瓶装美国精酿啤酒、老式比利时啤酒、英国真正爱尔啤酒和精品德国拉格，风味从此达到一个新的高度。

这就是啤酒革命。你可能已经见证了它，你也许已参与其中。这本书就是告诉你要进行的下一步行动。

家酿长期给人以留着大胡子、穿着满是灰尘的灯芯绒衣服、带着鼻音谈论污染爆瓶的爱尔啤酒的老男人形象。而现在我们可以看到年轻人（也可以留胡子）围绕具有共同优点的个人定制啤酒建立社团，其啤酒的品质很容易企及大规模生产的水平。

啤酒比其他酒种适宜更多的消费场合，这么说一点也没有夸大或偏见。啤酒与食物搭配即使没有葡萄酒优秀，至少也旗鼓相当。因此一个餐厅的评判标准不再是葡萄酒单，而是啤酒酒头的数量。

我们无法最大程度地欣赏这些新的风味，除非了解啤酒是如何诞生的——即啤酒呈现在你手中的玻璃瓶之前所走的历程。在我自己完成这历程时，我发现了一个秘密：在家中酿造好啤酒很容易，而且相当相当便宜。

本书旨在引领啤酒爱好者新手一同在啤酒和酿造的世界中畅游。你不需要购买很多工具和原材料，用一两个塑料桶，你就能用成套酿造原料盒酿造出上乘的啤酒，并个性化定制你自己的口味。

（对页）
美式淡色爱尔

我们会体验一遍将麦芽、酵母、酒花和水变成优质啤酒的过程。这四种组分几乎存在于世界上的每种啤酒中，便宜易得，不受季节影响，并拥有出色的品质。由于这些原料品种有巨大的多样性，我们可以酿造多种多样的啤酒，组合起来可能比其他任何酒类品种都要多。

只有酿造啤酒是不受时间、原料、场所限制的。比如你自己蒸馏金酒是违法的，又有多少人拥有随时可以采摘的苹果树和葡萄藤呢？如果我们想酿造葡萄酒或苹果酒，我们需要依靠带有浓缩果汁的套装酿造盒。其中有些套装酿造盒非常好，它们也可以酿造啤酒，但就没那么有意思了，因为你不是从原料部分直接开始进行酿造。

我希望这本书与你们看到的其他书不同。我在尝试抛开那些难懂的技术和教科书的模式。我在尝试避免一些无实证的、过时的步骤，尽可能通俗易懂，同时尽可能避免专业术语，从头到尾都是直白陈述。在酿酒和其他方面，我犯过很多错误，但我不介意解释我在哪里犯过错误。

总之，我们可以把酿造带入生活，使你所有的朋友都更喜欢你。

我是谁?

我叫James。在英国，我是一个出色的面包师。但我在写我的前两本书《金黄色面包》和《如何烘焙》时，我一直在厨房里酿酒。

有两点激起了我的兴趣：便宜啤酒的潜力和其暗藏的科学。酿酒化学非常有趣，但真正吸引我的是啤酒发酵时酵母的操作。我花了一段时间，用初学者套装酿造盒失败了几次后才做出好啤酒。我想过放弃，但我要感谢我的好朋友欧文，感谢他传播酿酒知识和他的坚持：他一直给我提供比我在任何商店购买的都要好的啤酒。

慢慢地，我研究了酿造原料和各种啤酒类型的酿造过程，其中我中意的多是世涛和新潮美式淡色爱尔。我沉迷在酿酒社团中，他们大多成员与我年龄相仿，都与我有相同的酿酒原因：渴望了解他们最喜欢的新型啤酒的酿造过程，满足城市自给自足的白日梦，在家中酿造出世界水平的满意产品。当你打开第一瓶完美饱和二氧化碳的啤酒时，当你把自酿的啤酒分享给朋友和邻居时，啤酒的“嘶嘶”声以及充满其中的温暖感，都是莫大的激励。

我的朋友们、同事们和Twitter好友很快注意到了我的新职业，经常问我“你什么时候开始写酿酒的书了?”当我开始思考这个问题，我明白了，我需要把你们正在读的东西写到纸上。

我相信，我可以为酿酒带来一些改变，就像我曾为面包带来的一样。我喜欢用一些简单的语言，我希望这会让你觉得我就坐在你的桌子对面。我希望用我在家酿和商酿时一些成功和失败的经验，激励年轻一代的家酿者和啤酒爱好者。

如果你认为我漏掉了一些东西或者你想知道更多，请在Twitter上联系我：@bakingjames。

如何使用本书

本书面向从未想过酿酒和希望更多了解啤酒的人群；也为已有酿造基础，并用过酿造套装盒酿酒，但想改善一些缺陷的发烧友而作；也适用于有经验的、希望继续成长的人们；还适合那些专业的、但在前进路上受到阻碍、想要探索新方法的人们。本书就是为你们所有人而作。

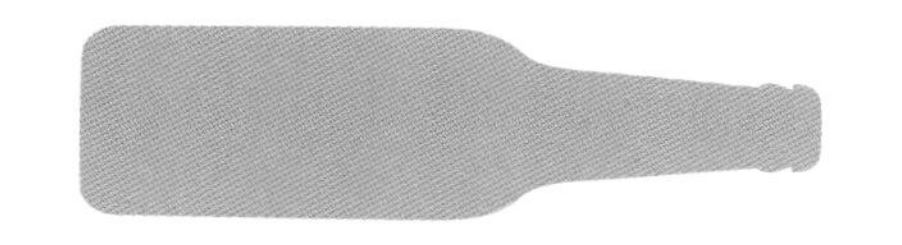

根据你感兴趣的上述内容，你可能想按略为不同寻常的方式一翻而过。但我请求你像写作那样去完整阅读它，从头到尾。我们一直都在学习，即使你认为你已经知道所有的基础，我也很乐意为你发现一些你极其不认同的东西。

全面了解啤酒基础后，我会详述用套装酿造盒酿酒。据我所知，几乎所有人开始酿酒时都是这么做的。恰当地使用套装盒（使用罐装的黏稠糖浆和塑料桶）酿酒确实可以酿造出一些非常好的啤酒。我会带领你们了解套装盒的一些基本装备和基本原料，然后带你了解怎么做才能每次都酿造出好啤酒。稍做调整，你就能拥有令人惊艳的啤酒。

然后，我们去认识全谷物酿造，即只使用水、麦芽、酒花和酵母进行酿造。我们会带你了解所有需要的装备，应用这些装备你能酿造出几乎所有类型、媲美世界任何酒厂品质的啤酒，并对可选的纷繁复杂的原料中的几种做出解释。酿酒日开始的章节只讨论酿酒日本身，是非常重要的章节，你应该一遍又一遍地查阅这一章，不能错过每一步。要仔细阅读每一步的描述，清楚地知道自己在做什么。如果没有，再读一遍。

无论你做得怎样好，每个人都会犯错误，所以我在处理麻烦和走味的相关章节中总结了我犯过的所有错误。这是我们接触配方前的最后一部分，其中某些配方获过奖，而多数在没有参与竞赛之前就被喝掉了。

需要遵守的规则

这五条酿酒原则适合任何酿造，无论用套装盒还是麦芽粉，无论是啤酒、葡萄酒、苹果酒或其他任何酒。

清洁与消毒

就像所有生物一样，啤酒也会受到污染。当空气中或处理不当的设备中的野生酵母或细菌开始享用你美味的啤酒时，污染就发生了。污染会导致浑浊、爆瓶和异味，这取决于你的啤酒感染了哪种杂菌。防止这种情况发生的首选方案就是保证碰触啤酒的任何部位都是洁净的。不是像一般的玻璃杯或碗那样干净——啤酒容器要达到“啤酒级洁净”。“啤酒级洁净”是指任何角落、缝隙、凹痕和划痕中无论良莠的任何东西都要彻底清洁干净。实际情况可能会令人沮丧，这取决于裂缝的多少。

一旦达到这个要求，更重要的下一步是消毒。这指的是你将啤酒装备浸入免冲洗的产泡消毒剂中。几秒之内，它就会杀死你埋头苦干也无法去除的所有杂菌。每次都遵循这些步骤，你的啤酒几乎永远不会发生污染。

别像对待孩子一样对待你的啤酒

酿酒新手对于每一个细节问题都会担心太多。上面的浮渣是什么？我把那个酒头清洗得够干净了吗？为什么我的啤酒都7天了还在冒泡，而说明书上说3天之内就会完成？

本书有足够的安全提示，即使你很大程度上忽视了它们，你仍然可能做出一些非常好的啤酒。实际上啤酒污染非常困难，例如，除非你忘了酒头消毒或你向发酵桶里吐痰。

发酵中的啤酒看起来十分脏，但不要惊慌。在酵母消耗完难闻的代谢物前，闻起来或尝起来都会非常不正常。

发酵就是一切

发酵是酵母的工作。酵母每天和每周都会代谢啤酒中的糖类，产生酒精。即使你在酿酒日造成很多失误，如果发酵正常，你仍然可以得到非常好的啤酒。如果你酿酒日操作完美，但发酵过程出了错，那你最后得到的啤酒必然很差。好的发酵能产生好的啤酒。

尊重你的酵母。特定酵母需要特定的条件才能活跃——你需要加入正确的量，并保证它们喜爱的温度。给它们不适合的条件，它们就会受到抑制。受抑制的酵母会产生异味，异味就会使啤酒变差。我再重复一遍：尊重你的酵母。

要有耐心

酿酒是需要时间的。在酿酒日，你要全神贯注数小时，小心谨慎操作，可能几周都得不到享受，这会驱使你快点完成，驱使你抄近路。但千万不要这样做！

酿造的每一步，给啤酒多留一点时间是很明智的。如果你不确定你糖化结束了，就延长一些。如果你瓶子里还没有二氧化碳，就多放几天再结束。如果你担心你的消毒剂还没有起作用，就多浸泡一会。如果你不确定你的啤酒完成了，就放着它，匆匆酿造完成的啤酒不是好啤酒。

寻求反馈

你的啤酒可能是好的，也可能是非常好的。你所有的朋友都可能为啤酒的优点而庆祝你，但它不是完美的。正如你们所知，他们可能只是表现得友好，啤酒可能是非常糟糕的。

寻找懂啤酒的人——啤酒爱好者和家酿者——给他们你的啤酒，然后请他们诚实相告。如果你住在或靠近任何城市，那里可能会有一个家酿俱乐部。如果没有，那就创建一个。家酿俱乐部不只提供学习和品酒的宝贵机会，还是寻找生意伙伴和志同道合者的绝佳方式，他们绝不介意与你和你拥有的大量啤酒呆在一起。

考虑让你的啤酒参加比赛——每个国家每年都有几次比赛。大多都会提供一些反馈，有的会非常详细。在此期间，可以学习下我的排错指南，做一下比赛裁判做的事——寻找异味。从我列出的清单开始寻找，检查你有没有错过什么东西，识别出一个或几个疏漏是排除缺陷的好方法。

BEER

热爱啤酒

百威是啤酒，但啤酒不一定是百威。

如果你已经拿起这本书，你不需要我来告诉你啤酒可以多么炫酷。这一章节不是要告诉你好啤酒是什么，而是要描述啤酒尚未为人熟知的各种风采。只要正确酿造，任何颜色和任何产地的任何啤酒都可以是惊艳的。不要被自己的喜好和厌恶所约束，要忽略所有偏好。当然，有最喜欢的类型是好的，但我们不能把我们的享受限制到狭隘的风味类型中。

啤酒是极好的

有一种说法是，啤酒是一种喝起来让人陶醉的饮品。至少是在用最少量的酒精达到适度的精神愉悦。工作一天结束后，适度饮酒可以更放松；外出与朋友共饮时谈吐也更流利……我热爱啤酒只有一个原因，那就是风味。如果啤酒没有酒精，口味仍然很好，我将是世界上最幸福的男人。我会用它当早餐，并且很多人也将不会认为我太疯狂。

我对风味的追求引导我去热爱啤酒胜于其他饮料。喝掉的成百上千种不同的啤酒驱使我去发现这些啤酒为什么会如此不同；是什么导致了啤酒与其他酒液中截然不同的风味。啤酒最大的好处就是，如果我给你倒一杯德国小麦啤酒，然后告诉你它尝起来像香蕉或丁香，它尝起来就是像香蕉或丁香。如果我说一款IPA（印度淡色爱尔）中有热带水果和柑橘的香气，你会嗅一下，然后一个接一个地分辨出它们："荔枝、百香果、酸橙、葡萄柚。"这些风味不是斟酒服务员的臆造，它们一直存在，并等着你去感受。

啤酒：细述

水、麦芽、酒花、酵母；糖化、煮沸、冷却、发酵

啤酒是由水、发芽大麦（麦芽）、酒花和酵母制成的。你可以加很多其他东西，如小麦、燕麦、大米、玉米、糖、蜂蜜、香料、水果、果汁，你仍然能做出啤酒。加入受诟病的成分，如糖、大米或玉米，也不一定会做出差啤酒。把啤酒和葡萄酒或苹果酒混合，你得到的仍然是啤酒。麦芽的风味胜过一切。

在商业啤酒的酿造中，热水和麦芽在"糖化锅"（一个大罐）中浸泡——这一过程称为"糖化"。糖化在精确的温度下进行，以促进酶的活力，将谷物中的淀粉分解成糖类。一小时左右的糖化之后，大部分糖类溶解在热水中，得到的温热黏稠的液体称为"麦汁"。

下一步是麦汁过滤，目的是去除麦糟，只留下麦汁。麦汁自然流出或泵出糖化锅，进入独立的称为"煮沸锅"的大罐。再用热水冲洗麦糟，以洗出残余的糖分，这个过程有个绝佳的名字——洗糟。

一旦所有的麦汁进入煮沸锅，就开始煮沸。煮沸大约一小时左右，期间按各种时间间隔加入酒花。加酒花只是为了风味和香味。煮沸初期加入酒花会增加苦味，煮沸结束加入时会增加香味。酒花不提供任何糖类，也不会使啤酒浓度增加。传统上，酒花曾被用作防腐剂，它们可以减慢可能感染啤酒的细菌的生长速度。

煮沸后，啤酒冷却至室温，转移到另一个大罐——发酵罐，在这里加入酵母。在接下来的几天到几周，啤酒要经历酵母将糖类转化成酒精和其他美味成分的发酵过程。开始时糖类越多，产生的酒精越多，因此酿造出来的啤酒醇厚感越强。

发酵之后，有时会再加酒花，有时啤酒会陈贮很长时间。现如今，多数啤酒会充满二氧化碳，以使其泡沫丰富，再转到桶中或瓶中而供我们享用。

有些啤酒要进行瓶中后贮。这意味着啤酒要直接灌入瓶中，不用任何压力添加二氧化碳，而是加糖使之被残留的酵母（或者在啤酒经过过滤或澄清时加入酵母）消耗。这样就在瓶内产生了压力，使最终产品泡沫丰富。但是加糖过多时，你的瓶子有可能会爆炸。这种状况的确会发生。装桶陈贮方式与之极其相似，把桶当成一个大瓶子就行。这就是为什么吧台上的手拉式"真正爱尔"的保质期如此之短——一旦打出第一品脱，就像打开一瓶酒从上面倒出一点。之后的每一品脱都与上一品脱有所不同。

当在家中酿造啤酒时，我们采用的步骤也相似，只是使用小一些的装备。规模是家酿和商酿的唯一区别。

我们在家可以酿造任何与在酒吧中买到的质量相近的啤酒。

什么是爱尔？什么是拉格？有什么不同？

简而言之，是酵母的区别所致。啤酒是一个总括的词：拉格是啤酒，爱尔也是啤酒，它们之间的不同就在于它们生产中使用哪种酵母——拉格啤酒用拉格酵母酿造，在低温下发酵；而爱尔啤酒用爱尔酵母酿造，在室温下发酵。仅此而已。

爱尔酵母和拉格酵母是不同品种的酵母。爱尔啤酒用酿酒酵母（*Saccharomyces cerevisiae*）酿造，而拉格啤酒用另一品种巴斯德酵母（*Saccharomyces pastorianus*）酿造。这些酵母又可细分为许多不同菌株，都能买来用作家酿。菌株之间的差异可能非常大，每种都独具特色。

也有很多种酵母没有明显的爱尔酵母和拉格酵母之分，而是产生一种“混合”的风格。在气候或设备不适合低温酵母时，它们常用来生产类似拉格型的啤酒。这些菌株对家酿者尤其有用，因为我们可以不用花钱购买昂贵的大型温控设备，也能生产纯净的、清爽的和平衡的啤酒。

通常，你会遇到谈论酿造拉格啤酒的“下面发酵”酵母或酿造爱尔啤酒的“上面发酵”酵母。这些名词字面上指的是酵母存在于发酵罐的下面还是上面，但现在你或许应当忽略它们。酵母在哪里完全取决于它的活性，所以发酵旺盛的拉格啤酒也会是在上面发酵，而休眠状态的爱尔啤酒也表现为下面发酵。这并不完全取决于酵母品种，而更多是取决于其活性。

令人困惑的是，拉格有另一种含义。酿造“拉格”啤酒需要延长保存时间，通常数周或更多，温度要非常低，在-1~0℃。在这期间，几乎所有使啤酒浑浊的物质都沉到罐体底部，所以最后你会得到完全清澈爽口的成品啤酒。

如何品尝啤酒

停下，先不要喝那啤酒，那啤酒值得你的尊重。想想它进入瓶子或罐子或杯子前所走过的旅程。如果你自己酿造那啤酒，你就会知道其中蕴含的辛劳。

正确地品尝啤酒，就像品尝葡萄酒，可以使你看起来有点蠢。但如果你不想自己看起来有些自负，这些步骤也可以沉着淡定地完成。坦白来说，正确地品尝啤酒需要欣赏它所有的复杂性和风味，这会给你更丰富的体验。

首先，倾倒啤酒。倒入一个玻璃杯，或马克杯，或聚苯乙烯杯，无所谓。一般而言，把你的啤酒倒进容器里面是一个好主意。不只意味着你可以欣赏它的美，而且倾倒的动作可以向杯子上方空气中释放挥发性香味化合物，以充分展现啤酒的香味。适合品尝葡萄酒的品评容器也是品尝啤酒的好容器，其形状有助于在你鼻子靠近的位置锁住香味，形状和把手使你能控制啤酒的温度：通过握紧双手使其温热，或握住把手使其冰凉。

倾倒至杯中，你便可以欣赏它了，这将形成你的第一印象（因为一种啤酒永远不应该只由标签评判），你可以猜测它尝起来或闻起来怎么样，泡沫多还是少？若泡沫少且黏稠，你可能认为它是甜的。它颜色怎么样？你可能期待着黑啤中有一些烘烤味或咖啡味，或琥珀色啤酒中有一些焦甜特征。如果看起来是晦暗的棕色，这瓶可能时间久了，氧化了。它是澄清还是浑浊？一款拉格和一款IPA可能颜色相似，但酒花的浑浊和悬浮的酵母表明了每款相应是什么。

接下来，嗅闻。这是我最喜欢的一步，在你先把鼻子靠近之前，你永远不应大口喝掉啤酒。我不能说明要去寻找什么，因为啤酒口味变化多端。如果你想闻出特定的风味是否存在，就要看看瓶子。辨别特定风味的最

如何品尝啤酒

1. 把你的啤酒倾倒进适宜的杯子

2. 将杯子拿到光下观察

3. 将鼻子贴近，深吸啤酒的气息；至少重复两次

4. 大饮一口，在嘴中充分搅动

好方法就是主动找寻它们。凭空想象这类风味可就困难多了。

别着急。把你的鼻子贴进杯子里面，快速深吸一口气。在威士忌品评社团中，有些人说吸气的同时要保持嘴巴张开，如此可以加强感受到的香气，尽管无法辨别这是否有效，但我有时会这么做，你也可以尝试一下看看是否对你有效果。然后，移开杯子，慢慢呼出。回味你刚刚闻到了什么香味，试着对照你生活中的其他气味。

试着把你嗅到的气味分成啤酒中的四种主要组分：麦芽香气可能让你想到饼干味、面包味、吐司味或焦糖味；在黑色啤酒中，你会发现咖啡和巧克力特征；酒花会让你想起柑橘、花香、松林或它们的近亲野草；酵母可能是最有趣的——它在产生所有奇妙的果香和香料风味的同时，自身细胞也许会散发“酵母味”。

如果你感到困难，轻轻摇晃杯子以释放CO_2，并有助于带出香气。但不要过于剧烈，因为过多的CO_2也会有刺激。如果啤酒浓度很高，你可能只会感到刺激的酒精味。无论哪种情况，都要多重复两次吸气的步骤，每次都会有新风味出现。

最后，品尝。不要像喝烈酒那样小口啜饮——无论什么啤酒，都要来一大口。这是我能给出关于如何品尝的最重要的建议。你口中的啤酒越多，你舌头上的味觉受体就能收到更多的刺激，尤其你在嘴中搅动酒液时。味觉受体激活越多，你大脑中收到的反馈就越大，就是这么简单。

味觉分为五到六个基本范围：甜、酸、咸、苦、鲜（咸鲜味）和油脂味（脂肪），这些风味都在啤酒中以有利或不利的方式存在。咸味和油脂味通常较少，而鲜味可以较早感受到；苦味经常是最突出的，非啤酒爱好者需要一段时间才会明白，实际上苦味完全是一种有利的风味。当然，所有风味都要平衡，说啤酒越苦越好是不对的。

甜味，尽管招人喜爱，但可能会给啤酒带来甜腻味，这就意味着它需要与一些其他东西（通常是酒精）与之相平衡，使啤酒变得更好喝。发甜而又甜得有用的啤酒是浓度高的啤酒，如帝国世涛、大麦酒或老式爱尔。甜味在IPA和拉格啤酒中是不利的，它会降低可饮性。通常，这些酒要用“干”来描述，与白葡萄酒或香槟方式相同，“干”是描述缺乏甜味的词。

酸在啤酒中可以是不利风味——它表示酸度，由一些可以感染啤酒的野生酵母和细菌产生。当心，尽管一些人在柑橘类IPA中感受到了酸味，但你只需凭借过往经验将其与柠檬、酸橙、葡萄柚或橘子的气味进行关联即可。真正的酸可以是有利的，如拉比克和柏林白啤酒等酸啤酒，它们曾经仅局限于最忠实的啤酒爱好者的酒窖中，如今即使最小的新潮精酿啤酒厂也在生产。

即使有经验的啤酒品尝者也很容易混淆风味。有一次，我给了一位朋友一杯樱桃拉比克，他描述啤酒是甜的。我详细地向他说明，啤酒中没剩余任何糖类，我强调啤酒非常干、非常酸，他也许应该再试一次。他又尝试了一次，仍然认为啤酒是甜的，并说他喜欢这啤酒，我只好放弃。

如果你是有条理的人，记下你对啤酒的想法是很有帮助的——即使只是为了让你自己回想起你曾喝过这款啤酒。无论你做什么，留着瓶子，洗干净备着。你应该尽快开始，因为你需要进行这样一种收藏。

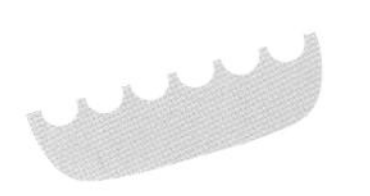

啤酒尝起来应该是什么样子?

当你一开始谈论啤酒的“类型”，酿酒的世界就开始分割了。有一个常见的问题是关于啤酒是否要归入某种类型。一方面，非常好的啤酒是数代人在一定参数的范围内酿造而成的，因此这代表着用相同的标准就会生产出好啤酒。另一方面，许多人认为这限制了创新和多样性，人们应该以他们希望的任何方式酿造啤酒。

乍一看，推崇创新似乎是合理的。我们为什么拘泥于古老的公式呢？我们一定要尝试新东西，拓宽每一种界限吗？像一个高效吸收器，我总准备迎接新事物。试验性的奇思妙想是好的；然而大多数不是古怪就是糟糕。这种啤酒多数出自三流酿酒师，其主要目的是要进行对前人前作毫无尊敬的“革命化”。或者，他们来自较大的个体经营的、哗众取宠的、寻求与众不同的酿酒师。

最后，你可能会说，总有一款新啤酒恰到好处。从统计学上来说，你可能是对的。每个一直做新尝试的人都可能很快地得到新发现。但在伟大发现之前，要想想不得不提供难喝啤酒的人们和失去生意的啤酒厂。

我相信，成功的创新最可能来自对前作的尊敬。在你向啤酒中加东西之前，要确保你已经可以做出最好的啤酒。一次只改变一个变量或添加一种东西，这个准则同时适用于商业酿酒师和家酿爱好者。

例如，你可能决定了你的第一款全谷物啤酒是淡色的，带有葡萄柚和柠檬的酒花味。你可以直接设计一个配方，包括浅色麦芽、葡萄柚、柠檬和柑橘酒花。它可能是好的，但如果你用一种更聪明的办法去做，它就会变得更好。

相反，想想这种啤酒可能属于哪种类型，答案可能是一种美式IPA。用一个可靠的配方开始尝试，如美式帝王IPA。研究哪种酒花与你选的风味相匹配，想想还要使用什么麦芽，问问自己是否想要加糖以使其非常干、非常好喝。

一旦你思考了这些事情，就去做你的啤酒吧。如果这是你第一次做这种啤酒，你应该能做多少做多少，并为你的成就感到超级自豪。下一次再做的时候，你可以将之分成多批次。这样，你可以观察不同使用量的各种柑橘果汁和果皮对你啤酒风味的影响，你可以一起品尝它们。不只是为了有趣，这样会让你更好地了解风味。最重要的是，你会很好地认识到各种成分对啤酒的作用，不管好的作用或不好的作用，你作为酿酒师的水平都会提升。

一旦你确定了你最喜欢的组合，你要深入地检查，看看还能有什么改进。更淡一点？一些小麦或燕麦可能是很好的添加物。太苦了？减少酒花用量。这样你就有了配方，凭此你可以酿造出几乎是最好的富有酒花香和柑橘味的淡色啤酒。我说的是几乎，改进永无止境。

是的，你可能认为这听起来荒唐费解，你只想做出有趣的啤酒。但是我曾经做坏过很多批自认为会非常不错的啤酒，因为完全不尊重传统的类型，并且对自己设计配方的能力太过自负，望你们引以为戒。我想起了我第三批全谷物啤酒是一款黑麦燕麦帝国IPA，我之前都没有做过IPA，更别说更烈性的了，结果当然是糟糕的，我剩下足足5加仑可以喝掉、倒掉或送给我不喜欢的人。现在，他们也不喜欢我了。更糟的是，他们认为我酿造了一些自命不凡的垃圾啤酒。

尽管我真心鼓励进行试验，我请求你们先按照我创作的配方，或其他可靠来源的配方，进行小的修改。然后，你当然可以毁掉它们。

啤酒类型目录

你应该把它当成懒人指南，它并不详尽；它仅对一些比较常见的啤酒风格进行介绍。我认为啤酒爱好者新

手和家酿者不需要对Lichtenhainers啤酒、古斯啤酒（Goses）和黑麦啤酒（Roggenbiers）了解很多，要包含这些啤酒的完整指南，就需要另出一本书。

啤酒品酒师资格认证协会（BJCP）风格指南2015版是一个优秀的、详细的和全面的啤酒风格和成分清单，可以在bjcp.org查看，它是免费的。

英式爱尔和爱尔兰爱尔

英式淡色爱尔

首先是“金色爱尔”：颜色浅，它们通常非常干、淡爽，可饮性好且酒花味不过于浓郁，风味来自英国酒花和酵母。烈性淡色爱尔为英式IPA（酒精含量为5%~7%，体积分数），曾经是较烈性的、酒花添加量大、适于向热带国家出口的啤酒。这种风格在国内和国外都很流行，尽管我们已经无法得知最初的出口啤酒尝起来怎么样，现在多数英式IPA都比现代美国风格温和。

英式苦味啤酒

这种带焦糖味的啤酒是19世纪英式淡色爱尔发展的产物，这种啤酒带有焦糖味，呈锈色，目前以需要加入甜水晶麦芽或在煮沸锅中长时间煮沸为特色。它们的浓度范围从“普通苦”的3%酒精含量（体积分数）到惊人的“更加特殊”或“极苦”的6%酒精含量（体积分数），甚至更高。它们由于泡沫少、颜色微红而易于辨认，并在传统酒吧手工打酒。随着其原麦汁浓度的上升，苦味和酒花味也会升高。较烈性的酒款的酒花味的确非常浓郁。若添加东肯特戈尔丁（East Kent Golding）或法格尔（Fuggle）酒花，通常会有焦糖或太妃糖的风味。典型的例子有富勒士（Fuller’s）公司生产的伦敦之巅和ESB。

世涛啤酒和波特啤酒

这些啤酒的深颜色和咖啡或巧克力风味很明显，这是由于添加了焙焦麦芽所致。其风味可以从非常甜（牛奶世涛）到柔滑（燕麦世涛）到非常干而好喝（爱尔兰干世涛，如健力士）。随着浓度的增加，会变得更黑更甜。最烈性的是俄罗斯帝国世涛，其酒精度在7%~20%（体积分数）。我常常被问到波特和世涛的区别：当“波特”一词刚被创造出来时，它是一种用棕色麦芽酿造的、流行的深色啤酒的名字；而世涛则出现较晚——它们更浓烈、限制更少。人们应该区分黑色和深棕色。多数现代波特都没有焙焦大麦（未发芽）带来的粗糙感。所有世涛都是波特，但只有浓烈的波特才是世涛。

英式棕色爱尔

除了纽卡斯尔棕色爱尔，其他棕色爱尔不是主流风格。有些人可能会把它分成许多地区性的种类，并对我的分组大吃一惊，认为太粗暴了。尽管每个县郡都不同，但这些有历史的啤酒酒精度都在4%~6%（体积分数），焦糖和坚果风味浓郁，同时从少量黑麦芽中显出一点烘烤的特征。它们是棕色的，酒花味不重，但口味非常棒。你可以尝试一下森美尔史密斯（Sam Smith’s）啤酒厂的坚果棕色爱尔。

苏格兰爱尔

近几年，这些可怜的啤酒已不受喜爱了，很可能是由于它们对苏格兰市场来说，是英式啤酒的淡化的、廉价制造的替代品。它们用浅色麦芽、玉米、一点黑糖和最少量的酒花酿成。现在，它们通常由希望在竞赛中进入模糊分类组的家酿者酿造。在苏格兰爱尔中，“淡爽型”的最高酒精含量为3%（体积分数），“醇厚型”的最高酒精含量为4%（体积分数），“出口型”酒精含量也从未超过6%（体积分数）。如果你看到它们被归类为“先令”一词（如60先令或80先令），这只是指以前一桶能卖多少钱。现在，这只是简单反映了它们的浓度。

老爱尔、大麦酒和苏格兰爱尔

适合冬季饮用，饮后身体发暖，富有麦芽香，浓度越高，口味越甜。近期尝试将它们按照美国起源单独分类，实际上有很大的重叠。老爱尔常常是成熟的、有烘烤味的和微甜的，有愉快的“老化”品质。苏格兰爱尔（“浓一点”）是一种很甜的，口味浓烈（酒精含量在7%~10%）并有坚果味的啤酒。英式大麦酒会更浓烈和丰富，有强烈和复杂的风味，显示它们经过了良好的陈酿，酒精度常在8%~12%（体积分数）。

比利时啤酒

比利时淡色和金色爱尔

这些风格超级简易的啤酒，表现出了比利时酵母菌株的超强性能。它们常常只用浅色麦芽、最少的英国或欧洲酒花以及一些糖，也就是你用来生产英式超级拉格的配方。但是酵母将这些啤酒转化成不同的金黄色的甘露，充满了复杂的香料气息、水果风味和香味。烈性金色爱尔很容易喝到，例如督威（Duvel）或粉象（Delirium Tremens）啤酒。

塞松啤酒

这是我特别喜欢的啤酒风格之一，它似乎比其他所有啤酒合起来都多样。塞松啤酒一般很浓烈（但不必要）、淡色、新鲜而且二氧化碳含量高，有特别的塞松酵母产生的特别风味。这些酵母，最初被法语区的比利时人用于在耕种季节生产啤酒，它在气温稍热一点时发酵效果最好。在夏天酿酒，可以充分发挥它们的效力，其呈现出来的辛辣香料味和刚摘的浓郁柑橘果香令人深深着迷。酿酒师常常加入野生酵母菌株，如酒香酵母，赋予其前卫性，并尽可能使啤酒干爽和新鲜。

特拉配斯特型爱尔

这是一种受保护的产品，必须由特拉配斯特修道院的僧人酿造，但是这阻挡不了我们在家中复制他们的优秀作品，或享受许多啤酒厂的复制品。其中最突出的是四料啤酒（比利时烈性黑啤酒），它是一种用黑糖浆酿造的8%~12%（体积分数）的李子味黑啤酒，一般要进行陈贮使其变得更好。它们是世界上最受推崇的啤酒，如果你能得到一瓶西佛莱特伦12号（Westvleteren XII），你就太幸运了。罗斯福10号（Rochefort 10）和圣伯纳12号（St Bernardus 12）更容易得到，但也值得庆祝了。双料啤酒是颜色略浅、更大众的风格，酒精含量在6%~8%（体积分数）。这个分类中明显不同的是三料啤酒，其与烈性比利时金色爱尔相似，但更干爽，可饮性更强，香料味更浓。通常，酿酒师会添加芫荽（芫荽叶）和干橘皮等，以增强这些风味。

拉比克

如果不感受拉比克的些许味道，我无法描写其风味，这是我最爱的啤酒风格。它们原料有些不同，使用了老化的、有些干酪味的酒花，以及相当多的未发芽小麦，但真正的神奇源自于自然发酵。传统上，自然发酵发生在转入老木桶中陈贮前，通过使空气中的酵母和细菌落入敞口的啤酒中完成。一至两年之后，你会得到完全不像多数啤酒的复杂的酸饮料，其主体味道为马厩味和时髦的果味。“贵兹（gueuze）”是陈酿拉比克和新鲜拉比克混合酒的名字。通常，它们通过加入水果而变得温和，如樱桃、树莓（覆盆子）或杏子。

德国啤酒

淡色拉格

德式拉格是最好的拉格啤酒，是世界上最好的啤酒之一。它们只是我们许多人每天都喝的大众啤酒产品的远亲，酿造这些啤酒的时间和付出的努力都值得我们尊敬。它们颜色和浓度范围都比较宽，以麦芽和酒花香气

Stone
IPA
IPA
KIUCHI BREWERY
木内酒造合資会社
Commemorative Ale
Bommen &
extra strong beer
PX Barrel Aged
www.brouwerijdemolen.nl
top fermenting yeast.
Keep cool and dark.

HELLES
BEAVERTOWN
AMMA RAY
AMERICAN PALE ALE
ALC. 5% VOL.
NUT BROWN ALE
Dubbel
5580 ROCHEFORT – BELGIUM
8
BIRRA
BEER
CERVEZA

著称。想要淡色、淡爽、可饮性强，可以尝尝慕尼黑淡色啤酒。德国比尔森是捷克比尔森的发展产物，是其更浓烈、酒花味更强的同类产品。

琥珀拉格

最常见的琥珀拉格是三月啤酒。传统上在三月生产，然后在山洞中冷藏度过夏季，变得澄清。第一桶在十月啤酒节打开，因此它至今仍是节日啤酒。现在，颜色淡一点的“节日啤酒”占主流，因为更适合畅饮。三月啤酒中，会有琥珀色的颜色和麦芽、面包、饼干和烘烤的风味。烟熏啤酒可以说是三月啤酒的变种，要使用山毛榉烘烤的麦芽且其主要风味为烟熏味。

深色拉格

拉格啤酒不都是稻草颜色的——慕尼黑黑啤酒可以像任何世涛或波特那么黑，充满烘烤和巧克力类型的风味。拉格应该可饮性强，这款也不例外。德式黑啤酒的风格相似，尽管它来自萨克森而且通常颜色更深、更干、烘烤味更重。

烈性拉格

双料博克（Doppelbock，Double Bock）是烈性德式拉格中最著名的，是一种麦芽香突出、酒体丰满、口感醇厚的啤酒，可饮性强。双料博克可以是深色或淡色的，其中我最爱的是爱英格欢庆者啤酒（Ayinger Celebrator）。如果你想热烈庆祝，可以试试博克冰啤酒，它们也像其他双料博克那样发酵，但是要通过结冰蒸馏步骤使其更加浓烈。当啤酒部分结冰时，去除冰块会使啤酒风味和酒精含量得以提高。

科隆啤酒（Kölsch）

我一般不参考这种小的、地域性的风格，但是它是家酿的标志。与德式比尔森相似，这些来自科隆的啤酒使用特殊混合酵母，可以在英式和美式爱尔的温度下发酵时仍然得到好啤酒。同样，如果你想得到拉格型的啤酒，这是一款家酿者可以尝试的非常出色的啤酒。

柏林小麦啤酒

其字面意思是“柏林白啤”，是一款特别的酸啤酒，酒精含量通常在3%（体积分数）或更低，这种啤酒有明显的来自参与发酵的乳酸菌的气味。在柏林，你会发现它会与糖浆一起提供，以减少其酸涩感。真正的酒鬼喝它不加任何东西，它的小众狂热地位意味着在全世界各地都有人生产其仿制品。这是家酿者喜爱的又一风格。你不太可能在身边找到一款真正的柏林小麦啤酒，问问当地的啤酒厂吧。

小麦啤酒

德式小麦啤酒很容易通过看和闻区分出来。你可以看到它极丰富的泡沫和浑浊的琥珀色酒体，但接着你会闻到在所有啤酒中最特别的两种酵母特征：香蕉味和丁香味。有些香蕉味更重，有些丁香味更重，但两者都存在。这些德式小麦啤酒富含二氧化碳，泡沫丰富，是所有啤酒中口感最甘美的。黑色小麦啤酒使用的黑色麦芽带来面包、焦糖或烘烤的特征。小麦博克是更烈性的版本，可以是深色或淡色的。维森（Weihenstephan）是世界上最古老的酒厂，其生产的各种小麦啤酒简直无可匹敌。

其他欧式拉格

捷克拉格

捷克拉格包括波西米亚比尔森，一种世界上最流行的啤酒，但有各种颜色和浓度，从酒精含量3%（体积分数）的浅稻草色啤酒到酒精含量6%（体积分数）的深色或琥珀拉格都有。它们与德式拉格主要的区别在于酵母——这种啤酒残糖较高而且酒体丰满，个人认为这会降低可饮性。

国际拉格

世界上的拉格有喜力、嘉士伯、莫雷蒂（Morettis）、时代和科罗娜。一些是可以接受的，多数是糟糕的，只有极少是非常好的。它们多数供人酗酒，因此生产时尽可能廉价。

美式啤酒

美式IPA

这是最初的英式IPA的变种，多优秀的变种啊，这种风格在全世界上推动了这种新型啤酒的复兴。它对传统的英式IPA进行优化并加入更多酒花（特别是棒极了的美国酒花）。在煮沸结束时和发酵结束后“干投”许多酒花，在典型的酒款中，如Lagunitas啤酒厂的IPA或巨石（Stone）IPA，你会闻到惊人的花香、柑橘和松树的酒花风味，之后是重重的苦味袭来，较干的余味会让你想要喝更多。

美式淡色爱尔

这是一款酒花香较弱、酒花苦味较少、酒体更丰富的IPA。与英式IPA更加相似，更以麦芽为主，不是所有都需要“干投”酒花，尽管仍然会使用大量美国酒花。可以尝尝经典作品：内华达山脉淡色爱尔。美式琥珀爱尔是一种颜色更深、更饱满的淡色爱尔，使用更多的结晶麦芽或焦香麦芽，好比具有美国酒花的英式苦啤酒。

双料IPA

双料IPA（帝国IPA）是俄罗斯河酿酒公司的Vinnie Cilurzo开创的一种风格。他的 Pliny the Elder啤酒仍然被认为是世界上最好的啤酒之一。其概念很简单——一款美式IPA，但不止如此。它更浓烈、酒花味更重、更干、更苦。其成功的关键是极干的余味和适度的麦芽风味，使香型美国酒花突显其中。

美式大麦酒

这种风格有英式大麦酒的浓度、麦芽香味和口感，但可以预料其中有大量美国酒花。它带来的强烈的酒花香味和苦味，两者共同创造了极其复杂的啤酒。每种可能出现在啤酒中的风味，美式大麦酒都可能拥有。与双料IPA的关键区别在于其更高的强度、较重的甜味和酒体——这种酒绝对适合小口喝。内华达山脉酒厂的Bigfoot啤酒真的是一款经典。

美式加州大众啤酒

这是一种“混合”爱尔，给了家酿者在一般爱尔酵母温度下生产一款拉格的机会，也被通俗地称为“蒸汽啤酒”，铁锚（Anchor）啤酒厂最初的和决定性的样品的出现比制冷技术出现得还早。酵母在凉爽但不冷的旧金山繁殖，产生拉格啤酒的特性。加州蒸汽啤酒颜色为琥珀色，很苦，比多数拉格酒体饱满。要尝试最早的和最好的酒款，也就是铁锚啤酒厂的蒸汽啤酒。

美式棕色和深色啤酒

这些啤酒大体与英式版本相同。美式棕色爱尔是英式版本的创新，它更浓烈，酒花味更浓。任何美式世涛都比传统的英式或爱尔兰世涛更苦，酒花味更重。美式双料世涛就是俄罗斯帝国世涛加入更多的酒花。北岸啤酒厂的旧拉斯普金啤酒（Old Rasputin）是一款优秀的美式双料世涛。

美式拉格

大量玉米和大米减轻了这种啤酒的酒体，增加了可饮性。美式淡拉格是一种新鲜的啤酒，也是我特别喜欢的啤酒——好得几乎尝不出东西。康胜浅色啤酒（Coors Light）一点也不差，至少它尝起来不糟糕。

啤酒颜色表

1	4	7	10	13
2	5	8	11	14
3	6	9	12	15

1 慕尼黑淡色啤酒

2 比利时烈性金色爱尔

3 杜邦塞松

4 美式印度淡色爱尔

5 英式苦啤

6 浑浊小麦啤酒

7 三月啤酒

8 奥尔瓦啤酒

9 英式淡色爱尔（EPA）

10 樱桃啤酒

11 英式棕色爱尔

12 比利时烈性黑啤酒

13 美式大麦酒

14 帝国世涛

15 燕麦世涛

开端：以套装盒酿造啤酒

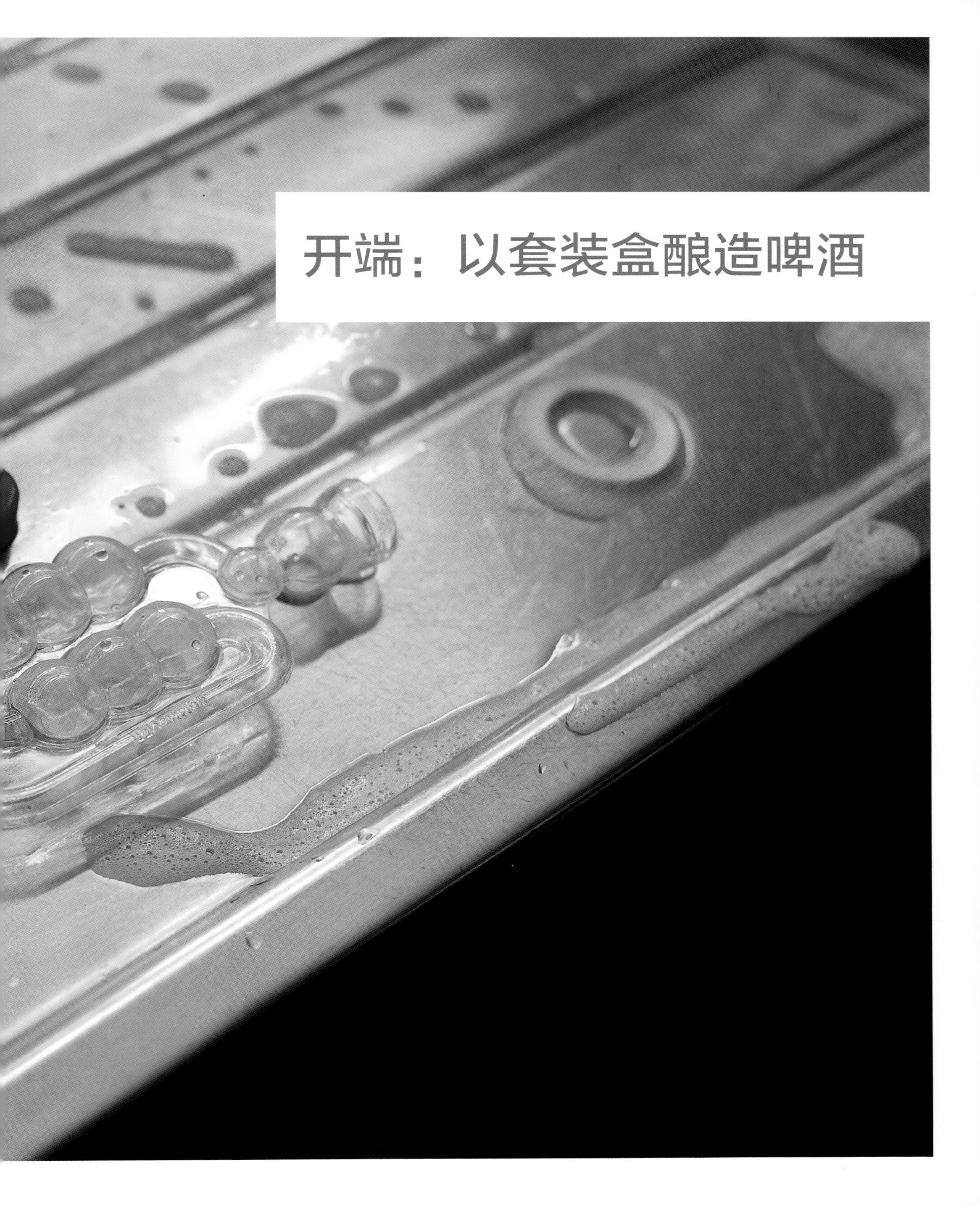

1
2
3
4
5
6
7
8
1 塑料桶
2 喷壶
3 气封阀
4 液体比重计
5 压盖器
6 瓶盖
7 龙头
8 硅胶管

装备

这些是你采用基本啤酒套装盒酿造基础啤酒时所需要的东西，这个清单并不详尽，也不是全部必要的东西。例如，如果你能把啤酒装入旋盖塑料饮料瓶，压盖器就不需要了。但是你的啤酒应该方便饮用。

这些东西没有一样会随着你的酿酒进步而变得没用——当稍后你开始“全谷物”酿造时，你仍然需要本章中列出的所有东西。不过，本指南默认你已经有两样东西了——一个厨房秤、一个大勺子。

我不推荐你买“初学者套装”，性价比不高。相反，我会从任何线上家酿供应商或家酿商店购买全部的清单物品。

不要买塑料压力桶，除非你想一次喝20L，你的啤酒不可能在这种桶中长期保存。把你的啤酒装瓶——这大有益处，你的啤酒可以长年保存，你会得到二氧化碳含量适当的产品，可运输性和可共享性得到了极大的提高。

必备物品

免冲洗消毒剂

在以前酿酒时，所有装备都需要清洗，然后用高刺激性的清洁剂消毒，最后用自来水冲洗。现在，如果你不使用喷涂式、免冲洗消毒剂，你要么是受虐狂、要么是傻子。这些东西更加有效，而且完全省略了冲洗步骤，意味着最后接触你装备的东西不会染菌。

我推荐五星化学品公司生产的Star San，或者相似的产品。它会是你最好的酿酒投资。可能有点贵，但可保存数年。Star San是含有一种表面活性剂和酸的混合品。表面活性剂（想想无味的小仙女液）会产生泡沫，进入任何小的缝隙中，然后摧毁所有杂菌的细胞壁，这就使得酸可以进入细胞而杀死它们，但它不能穿透幼虫或脏物，所以只能用在洁净表面。

使用时，把1.5mL或1/3茶匙消毒剂（我用注射器保证准确性）稀释到1L的自来水中。我一般会让溶液更浓一点，以满足我过分担心染菌的心理。我把它保存在喷壶中（见下页图），这样通过快速喷淋就可以对大多数设备进行消毒。一般来说，它需要一到两分钟才能正常起作用，但几秒的接触就可以满足你的需要了。然后倒掉多余的消毒液，就准备好了。

喷壶（1升容量）

作为最有用的酿造工具之一，喷壶可以盛装免冲洗消毒剂，用来消毒所有接触啤酒的物品表面。也可以利用空的厨房或浴室的干净喷壶，但我会出去买一个专门的用来酿酒。在园艺商店、五金店、大超市应该都能买到。你要注意容积最好是1L，或最少500mL，并带有可以调整喷雾的旋钮。

温度计

温度监控在任何酿造过程中都是重要的一部分。你需要确定，当你把你的酵母加入桶中时，它处在一个适宜的温度下，而且在整个发酵过程中都保持适宜的温度——太热啤酒就会有异味；太冷啤酒就会有甜味，甚至不发酵或受到污染。

买一个温度计。首先，在桶的一边固定液晶温度计条是必须的。不得已时，奶类、肉类或果酱温度计作为替代品都可以。但是，你最终真的会想要一个数字温度计的，它们又快又准确，而且读数简单，清洗和消毒也方便，只需用免冲洗消毒剂喷几下。数字探头是很便宜的，但是如果可以的话，找一个防水的（我们要把它完全浸入20L正在发酵的啤酒中），读数在上方的，方便我们使用。

桶上插入龙头

1. 准备好工具

2. 把龙头放在桶的一边，画一个圆

3. 在圆心钻一个孔

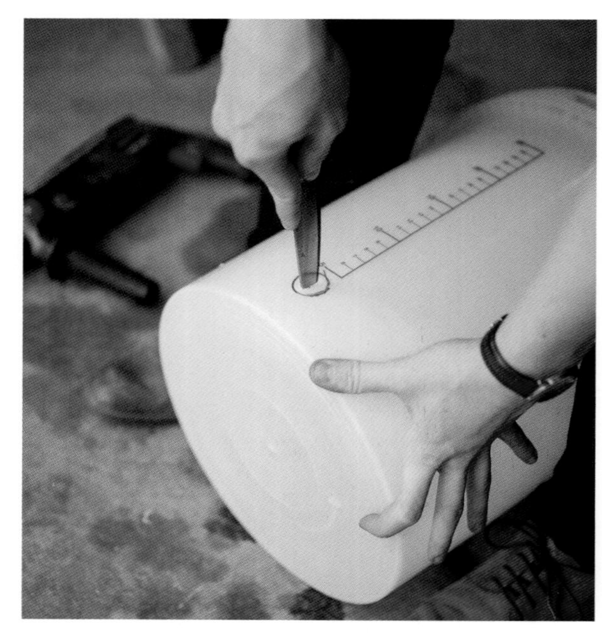

4. 用小刀把孔扩大

两套塑料桶（25~30L）和龙头

桶是你的啤酒发酵的地方——前发酵罐。你需要一个盖子和一个搬动所需的把手。它必须是食品级的，专为发酵设计的。最好是半透明的（当你的啤酒发酵时可以观察），有体积刻度，这样你就知道你做了多少啤酒。如果这是你第一次做啤酒，用一个桶和一个龙头就够了。如果你想认真地酿几批啤酒，我建议用两套。另一个不占用更多空间，只是套在第一个里面。

第二个桶（也有盖子）可以用作后发酵罐，你可以在里面“干投”酒花，以便更长时间地贮存啤酒。更重要的是，多一个桶可以用作装瓶桶。这是你向内加糖溶液（以使瓶装啤酒充气）的单独容器，把啤酒从前发酵容器中转到这个桶里。

龙头只是为了转移啤酒方便。你可以买打好龙头孔的桶，或者你的家酿装备供应商可以为你做好这些事。

否则，按下面的分步指导做。

如何把龙头插入桶中

1. 把龙头放到桶的一边，大约离底3cm处。用马克笔贴边画圆或用锋利的东西刻痕。

2. 用最大的钻头在你画的圆中心钻孔（如果你有与所画的圆完美匹配的钻头，那就最好不过了）。如果你没有电钻，小而锋利的刀子一般也可以用来打孔。

3. 如果塑料够软，你可以接着用锋利的小刀从钻孔处切到圆的边缘。在所有方向上重复至少八次，这样钻孔看起来就像有阳光射出一样漂亮。

4. 你现在可以用小刀沿着圆切割，或者用高速的电钻切割一个圆。圆要稍小一点，逐渐扩大到适合龙头——这会防止开孔过大。

气阀

气阀是防止空气入桶的装置。啤酒发酵时，会产生二氧化碳（CO_2），这会使你发酵容器中压力上升，气体从开口处逸出来。因为CO_2比空气重，它会在啤酒上方形成一个“毯子”。这意味着顶部空间——容器没有啤酒的部分——完全充满了CO_2。然而，搬动啤酒，撞击或晃动都会扰乱桶中的状态。

气阀可以阻止任何气体回到桶中，保证了只有CO_2接触啤酒。气阀中装满消毒剂，起到隔离的作用。气体只有在桶内气压降低时才能再次进入，而这不会发生，因为发酵中的啤酒会持续释放CO_2。

因为这个有效的“毯子”由持续释放的CO_2形成，许多人根本不用任何气阀。然而，如果你这么做，要非常非常小心。一旦啤酒发酵了，空气是它最大的敌人，使用气阀可以减少移动啤酒时的压力，你就可以确定啤酒正在受到保护而去休息了。

你开始可能只需要一个气阀。为了适当安装在桶上，你需要在盖子上钻孔，保证这个孔尽可能地小——如果你希望密封性好，你需要保证气阀安装尽可能紧密。如果你钻孔过大，你可以加上橡胶垫圈，会更容易地进行密封。

液体比重计和塑料比重计瓶

液体比重计是一个测量液体密度的简易装置，它可以测量麦汁浓度。液体比重计看起来像圆的、细的玻璃杆，上有刻度，这就是它的全部。根据它在各种液体中的浮沉程度，你可以分辨出它们的密度如何。它常常带有一个薄塑料外壳，可以当作量筒，但我建议你买一个专用的塑料量筒，不要买玻璃的，非常易坏。如果你选的供应商有便宜货就买一个，没有就上网买一个100mL的量筒。

多数比重计在20℃的水中显示1.000。在水中加糖，密度就会升高，因此，比重会升高。接着加入乙醇会降低比重，因为乙醇密度比水低。

当物体加热时，它们的密度会降低。相同的糖水在40℃会在相同的比重计上比20℃时显示的比重偏低。如果啤酒的温度与20℃相差较大，我推荐使用线上计算器或APP来计算真实读数。

这意味着我们可以在加酵母前，通过测定原浓（OG）追踪啤酒的发酵情况——这大概告诉了我们还需发酵多少糖类。然后随着酵母将糖转化成乙醇，比重逐渐降低，直到达到终浓（FG）。尽管含有乙醇，啤酒的比重通常不会低于1.000，这是因为有酵母代谢不了的残余的蛋白质和不可发酵性糖类。

通过知道OG和FG，我们可以计算出产生了多少乙醇，从而得出啤酒的酒精含量。我可以解释计算方法，但是那样我好像是在骗人：我从来不记它。我再一次推荐像我一样使用线上计算器或APP。如果你有iPhone，Brewer's Friend Free是非常好的，而且它们完全免费。

硅胶管（2m）

你需要管子把啤酒从一个地方转移到另一个地方。买质量好的管子是我最重要的建议之一。许多初学者酿酒套装盒带有便宜的塑料管，随使用时间变长会逐渐褪色、变形和污染。

同样的，我会寻找食品级的硅胶管——你需要至少1m。随时间延长，这种管子不会分解和开裂，它有方便清洗的光滑表面，有耐热性。优良的、壁厚的硅胶管即使过开水时也不会变形。比较一下你自己的，我的硅胶管是内径12mm，外径为21mm。

装瓶管

这是最受低估的酿酒装备之一。基本上是一段硬塑料管，末端有一阀门。把它连到桶的龙头上，打开之后啤酒就会流入装瓶管中，但是不会从末端流出。然后当你把装瓶管插入消毒的瓶子，阀门会碰到瓶子底部，并从下往上灌装啤酒。这使得装瓶过程简单和快速得多，同时减少了啤酒中进入氧气的风险。

试着找一段可以直接连到龙头上的管子。如果找不到，剪一小段（5cm）硅胶管。用蜗杆传动夹（金属软管夹，任何五金店或线上商店都有售，很便宜）将管子末端封紧。你可以接着把管子接到龙头上。

压盖器、瓶盖和瓶子

有两种压盖器——台式压盖器和双手柄压盖器。前者尽管有力又快，但比较大，价格高，使用不同大小的瓶子时需要调整。刚开始不要买这个。买一个便宜的双手柄的，还有你喜欢颜色的皇冠盖。我从易贝（eBay）上买的压盖器——是20世纪70年代的货，和它刚造出来时一样坚固，我花的钱比它挂到网上需要的钱还少。

像上面所说的那样，你也可以省去这项花费，使用塑料瓶，但你不会想这么做的。塑料饮料瓶通常不是棕色的，紫外线可以透过，紫外线可以导致啤酒产生酒花“日光臭”味，这种风味像臭鼬的味道，非常难闻。塑料比玻璃更能透过氧气，必然会使啤酒氧化，也是不好的。

使用棕色玻璃瓶。如果一个啤酒厂爱惜它的啤酒，就会用良好的棕色瓶盛装啤酒。即使绿色玻璃也会穿过大量紫外线，也有日光臭的风险。玻璃瓶容易消毒灭菌，也容易压盖。如果你足够幸运得到（或被赠送）一些摇摆盖棕色瓶，要感到非常幸运，但是不要特地购买它们，很贵。可以花钱买好啤酒，留下空瓶子备用。

原料

在套装酿造盒中，会有一听加酒花的麦芽浸出物和酵母，“只需要加入糖和水”就可以完成酿造。如果你想做普通的啤酒，按照他们的指导来。但是，在接下来的章节中，我会指导你用这些便宜套装盒酿造真正的好啤酒。

我不是要全面讲解啤酒重要原料的基本属性，因为那样会使你们感到无聊，从而远离酿酒的精彩。这里有你做好完美的套装盒啤酒所需要了解的所有信息。

加酒花的麦芽浸出物

这是重要的东西，是啤酒的主要成分，是你啤酒套装盒的重要组成。它是一种黏稠糖浆，由发芽谷物中浸出的糖类制成，就像我们在家制作全谷物啤酒时做的麦汁一样，这种糖水再经过加热或抽真空的方法进行浓缩，然后加入酒花达到设定的苦味和香味含量。

制造商使用的特种麦芽和酒花以及酒花添加量，会决定你酿造的啤酒风格。如果它含有焙焦麦芽，你可能正在使用世涛或波特套装。如果他们加入了很多酒花，只使用了浅色麦芽，你可能正在酿造IPA。

因为制造商做这些啤酒套装盒已经很多年了，他们很擅长把这些东西加到一起。如果你适当地发酵这种啤酒，你会得到好的结果。这些糖浆随时间而劣化，大约一年后，你可能会发现啤酒中有霉味或老化味。

干酵母

它也在套装盒中，如果上面没有生产日期就扔了它吧。原因如下：

1. 加酒花的麦芽浸出物

2. 活化酵母

啤酒套装盒是大量生产之后再包装、贮存、运输，然后再贮存很长时间。你的那袋酵母呆在那里，会变得越来越差，每天都有成千的细胞死亡，这袋酵母的效力会慢慢地逐渐消失，当到了接种入啤酒的时候，细胞数量可能不足以很好地发酵啤酒了。剩下的细胞会受到抑制，并且因为每个细胞都在努力增殖，消耗了大量糖分，会产生许多不利风味。这种抑制可能意味着它们可能在发酵一半时就放弃发酵了，这称为“发酵停滞”。

你买啤酒套装盒时，你不知道酵母包装前经过了多长时间，或者在什么环境中保存。因此，你不知道有多少健康的酵母进入了啤酒。用单独的、适当的啤酒酵母代替这种酵母是预防你酿造垃圾啤酒而能做的最重要的事情。下表为你展示了你应该用哪种酵母代替你套装中的酵母，在同一栏有几个品牌是因为其菌株是一样的或相似的。

一旦你得到了你的新酵母（或者你没有选择只能使

选择你的酵母

啤酒风格	酵母种类	首选	次选
所有拉格或比尔森	味道干净的美式酵母或英式爱尔干酵母	• SAFALE US-05 • DANSTAR BRY-97 • 美国西海岸爱尔酵母	• DANSTAR诺丁汉酵母
美式淡色爱尔 美式印度淡色爱尔 美式琥珀爱尔 美式棕色爱尔	美式爱尔酵母	• SAFALE US-05 • DANSTAR BRY-97US • 美国西海岸爱尔酵母	• DANSTAR诺丁汉酵母 • MANGROVE JACK英式爱尔酵母
真正爱尔 英式苦啤	英式爱尔干酵母	• SAFALE S-04 • DANSTAR WINDSOR • MANGROVE JACK英式爱尔酵母	• DANSTAR诺丁汉酵母
英式棕色爱尔 波特 世涛	英式爱尔酵母	• DANSTAR WINDSOR • SAFALE S-04	• DANSTAR诺丁汉酵母 • MANGROVE JACK英式爱尔
小麦啤酒 德式小麦啤酒	小麦啤酒酵母	• SAFBREW WB-06 • MANGROVE JACK M20	• DANSTAR 慕尼黑酵母
比利时金色爱尔 修道院爱尔	比利时酵母	• MANGROVE JACK M27 • SAFALE T-58 • 所有比利时酵母	• SAFBREW修道院酵母
季节（塞松）啤酒	季节（塞松）酵母	• DANSTAR BELLE SAISON • MANGROVE JACKS 比利时爱尔酵母	

用套装盒中的酵母），放到冰箱里面。细胞死亡速率会比室温保存显著降低，因为酵母代谢减慢了。然后，当要使用时，你要做的另一重要操作是适当活化酵母，这样可以使酵母健康细胞数翻倍。我们将在下一章节中（见第六步）详述。

糖和干麦芽浸出物

啤酒套装盒是最简单的酿酒方案，因此被设计成由家庭原料制成。我同意这种看法，但我建议当你买套装盒时，在网上订购或从当地家酿商店购买，不要从五金店或超市买。这意味着你订购时，你可以买1kg一包的浅色干麦芽浸出物（DME）。

DME与你套装盒中的糖浆组分相似，但去除了所有水分，没有加任何酒花。你要做的就是加水、煮沸、加酒花，你会学会一种重要的酿酒方法——利用麦芽浸出物来酿造。DME是一种浅棕色的粉末，非常甜而且非常黏，不要让袋子受潮，否则它会粘在任何碰到的东西上。

如果你把啤酒套装盒中的糖换成等量的DME，你会得到好得多的啤酒。啤酒麦芽味更浓，有更好的泡沫和好得多的口感。原则是，1kg的糖换成大约1kg的DME。或者500g的糖换成大约500g的DME等。称量不用非常严谨，因为DME可发酵性比糖弱，会使啤酒稍淡一些。

一个小提示：如果你用的是一款美式IPA或帝国IPA套装盒，请务必用DME替换掉你的大部分糖，但是不要替换全部。如果需要1kg的糖，使用0.8kg的DME和0.2kg的糖。少量的糖会使酒体轻盈，回味干爽，有助于突出酒花味。

水

当谈到全谷物酿造，水就变得十分重要了。水是组成啤酒的主体成分。即使你在使用套装盒，也值得思考这个问题。不论你要酿造什么啤酒，不要使用高档瓶装水。多数自来水完全可以，无菌情况也较好。进入自来水的少量细菌或寄生虫有时会致病，但不会破坏啤酒，啤酒不受损就好。最重要的是要给水龙头完全消毒，因为它能藏匿啤酒致病菌。

酒花

啤酒套装盒里总有酒花，对吧？你不用再加更多了？

是的，对多数套装来说，这是十分正确的。然而，如果你的啤酒是美式淡色爱尔、美式IPA、美式琥珀爱尔或帝国/双料IPA套装盒，在发酵后添加新鲜酒花会为啤酒增添一种全新的感受，大大增加了酒花香气，而苦味不会增加或增加不大，这就称为“干投”酒花。如果你喜欢做实验，你可以尝试向其他风格中添加酒花，但是要清楚这可能会导致啤酒口味混乱，可饮性降低。IPA或双料IPA的“干投”酒花量为23L套装盒中加入100g酒花颗粒。

去常见酒花类型的酒花指南（94~95页）中，寻找使用酒花的建议。它们不会增加任何糖分，它们不可发酵。实际上，“干投”酒花时任何酵母活动都会把酒花风味从啤酒中赶出去，进入气相或沉入底部，这就是在“干投”酒花前将啤酒转移入二次发酵容器的原因之一。

使用同一个酿造套装盒，转移啤酒并不会造成大的区别，如果你只有一个桶，那也只能把酒花直接加到前发酵容器。但是转移是一个好的操作，它本身就是一种技巧，你需要好好准备，完全消毒，当然不能让酒液飞溅。显然，不必过于担心，你会做好的。

essential
Waitrose
antibac
handwash
2x LONGER LASTING
FAIRY
Original
RAFT BREWING KIT
Muntons
CRAFTED
GIAN
E ALE

酿造你的第一批套装盒啤酒

前几次酿酒最好以套装盒起步：即罐子或纸箱装的浓而黏稠的糖浆，你把它加水混合后在桶中发酵。你也可以直接着手用麦芽粉酿造一批啤酒，并购买你需要的其他东西，但是保证前几次酿造尽量简单有几个原因：

首先，一致性。套装盒啤酒的设计曾经过大量的努力，它们会创造出各种风味的经典啤酒。多数套装盒确实有酿造出非常好的啤酒的潜力——正因如此，再加上它们的廉价，许多人乐意永远不开始全谷物酿造。

酿造套装盒啤酒涉及的过程少得多，因此可以出错的部分也少得多，这就使得在两周后得到好喝啤酒的机会越大。套装盒啤酒能为你酿造全谷物啤酒将涉及的关键技能提供锻炼机会。重要的是，你会习惯卫生的工作流程——任何接触啤酒的东西必须事先清洁消毒。

套装盒的唯一缺陷是其错误的使用说明，不用看它们，按照我讲的方法做，它们看起来太过全面了，这是故意的。我希望引导你形成好的酿酒习惯，这会对你一直有帮助。你准备好就可以开始了，慢慢来，你会成功的！

第一步：选择套装盒

市场上有非常多的套装盒，你的选择取决于你的居住地和你想花多少钱。我不是要为任何品牌打广告，因为大多数都有做好啤酒的潜力。尽管如此，我对你选择第一个套装盒有几个建议：

套装盒越新鲜越好。有的套装盒在卖出之前可能已经放置了几年了，这些套装盒必然会老化，任何酒花风味都会随时间消失。检查生产日期，降价处理的一般是最陈旧的。

选择你最喜欢的啤酒风格，而不是听从其他人的推荐。酿一次酒你会有大约19L的啤酒需要喝掉，所以如果你（还）不喜欢比利时风格的啤酒，就没有必要酿造比利时啤酒。

不要买酿造拉格啤酒的套装盒，因为它做不成。它会酿出一款假货，浑浊、淡薄而且没什么味道。真正的拉格需要特殊的拉格酵母，在低温下酿造。如果你有一直能保持在8~12℃的低温区，你可以尝试一下，但我们大部分人不会这么做。

需要额外加糖的套装盒和不需要额外加糖的套装盒，前者不一定比不需要加糖的套装盒差，因为我们会把额外的糖替换成干麦芽浸出物（DME），DME几乎就是干燥的、未发酵的啤酒。然而，细想一下就知道，全麦芽套装盒制造商可能更加关心他们的产品。

一旦你选择了一款套装盒，你还需要一些额外的东西。如果你的套装盒说明它需要额外加糖，看看它需要多少糖（一般在1kg左右）。可用等量的喷雾干燥麦芽浸出物（DME或喷雾干燥）代替。如果你想“干投”酒花为啤酒增加额外的酒花香气，加入100g美国酒花。

最后，你需要酵母。你的套装盒里会带酵母，但请不要使用它，你不清楚它的性能和新鲜度。选择酵母时要查看我的干酵母指南（36页），为你要酿造的啤酒风格挑选一款适当的酵母，这会为你的第一次酿造画上完美的句号。

第二步：组齐酿造设备，呼朋唤友

这可能是最重要的一步——把所有东西摆开，确认你备足了所有需要的东西，你肯定不会想在你酿造一半时打电话给朋友求助或赶去当地家酿商店。

我相信你已经组齐了所有我推荐的设备，拿起你的免冲洗消毒剂，适当稀释（1L水中加入至少1.5mL或1/3茶匙），装入喷壶。找出你的桶、龙头和盖子，确认你有温度计测量啤酒的温度，有液体比重计测量比重。如果你有读数温度计，也找出来。

你可能想让你的朋友或家人也参与进来，不是因为你需要他们帮助（你绝对不需要），而是因为他们会使整个过程更加欢乐。你们可以一起酿造啤酒，几周后你们也可以一起分享。另外，有人听你吩咐，为你做些清洁工作确实有所帮助。

第三步：所有物品清洗消毒

可以想到的每一件会接触啤酒的装备——桶、龙头、盖子、气阀和你的温度计——必须拆下来用热肥皂水彻底清洗。消毒剂只会在严格清洗了的表面上起作用，它不会穿透任何固体块状污垢，可能也进入不了发酵容器的划痕中。要明白，龙头是单独的一部分，独立的部件应该单独清洗和消毒。

清洗时，要使用非磨蚀性的海绵和充足的清洗产品。选用哪种清洗产品取决于你——我喜欢用洗涤剂，因为它的泡沫量多得惊人。泡沫是好的，因为它可以帮助你发现桶的哪一部分你可能遗漏了，它更能穿透进入任何划痕，它缓慢流动的现象会提醒你需要更多的冲洗。保证冲洗彻底，因为多数清洗产品都可能在你的啤酒中留下怪味。

如果你的发酵容器不能把手伸进去清洗（如大玻璃瓶或坛子），另一选择就是配制氧化性清洗剂溶液，如OxiClean或Vanish（或超市自己牌子的产品）。在容器中装满水，然后加足够的清洗剂配成强力的溶液。这最好在前一夜完成，这样你就能让任何污垢或残留充分溶解。

一旦你的装备清洁和冲洗完毕，就对它消毒。开始先用消毒剂喷卸下来的龙头。把它组装回去，喷桶上龙头孔的内部和外部，把龙头旋紧固定。

现在，认真地喷涂桶的整个内壁，从上到下进行。保证每一部分都被消毒剂浸润，然后额外多喷一点。喷喷盖子，在气阀安装前喷气阀的内外。把盖子牢固地装在桶上，使劲摇晃，使桶的每一部分都沾上消毒剂。现在你的桶就准备好了——保持其内有消毒液的密封状态，直到你要使用它。

清洗和消毒

1. 用热水和海绵清洗你的桶，彻底冲洗

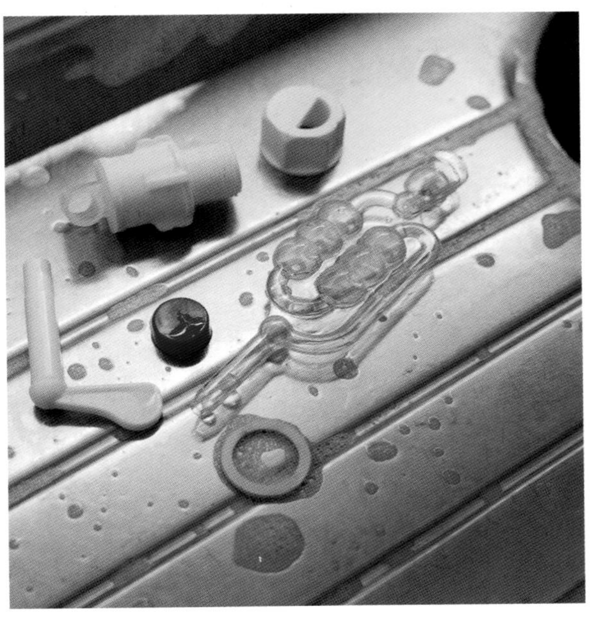

2. 卸下气阀和龙头，将所有单独的小物件清洗和消毒

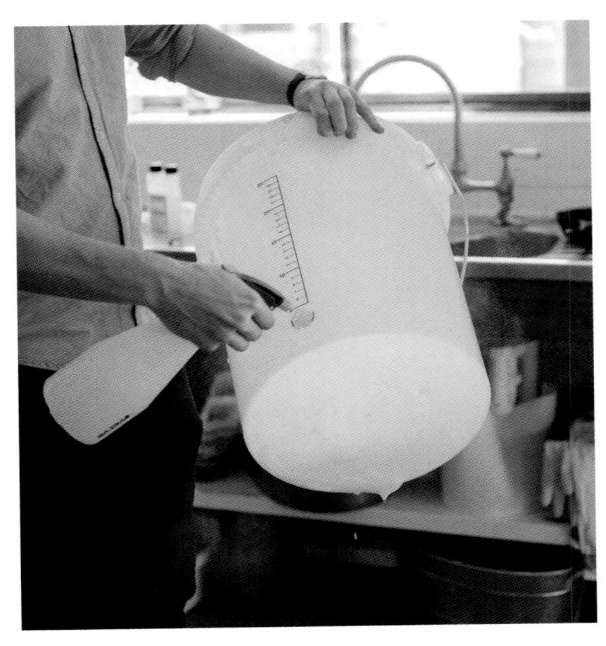

3. 消毒龙头孔内外部分

4. 消毒龙头的每一部分，安装到桶上，然后消毒整个桶和盖子

开罐

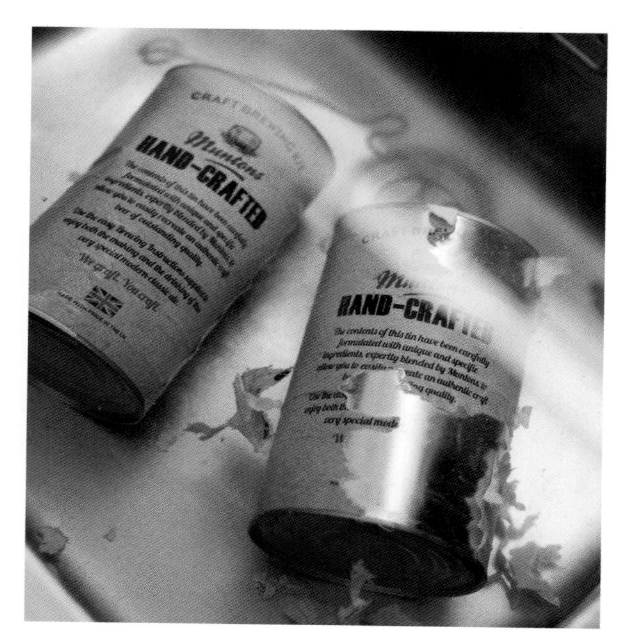

1. 把罐浸入装满热水的水槽

2. 给罐和开罐器消毒，然后开罐

3. 把所有能倒出的热糖浆倒入消过毒的桶中

4. 用沸水冲洗罐子，然后把冲洗的水和消毒过龙头的冷自来水一起加入

第四步：开罐、加糖和稀释

加酒花的麦芽浸出物应该以罐装寄过来。除去包装，放到装满热水的水槽中浸泡15~20分钟，这使得糖浆不那么黏稠，更容易倒出。在等待的同时，烧一壶开水。

打开桶的盖子，倒出多余的消毒剂。不要害怕泡沫——低浓度酸洗消毒剂实际上也是酵母的营养。打开热乎的糖浆罐，把黏稠的糖浆倒入桶中。在罐中装一半沸水，溶解残留的液体后也倒入桶中（宜用毛巾或烤箱手套来抓取罐子，它很热）。

把剩下的沸水倒入桶中，然后再烧一壶。你至少要用3L的沸水才能装满桶。

如果你的套装盒需要加糖，现在就是你加干麦芽浸出物的时间了——1g或1/4茶匙糖相当于1g或1/4茶匙DME。添加之后，用一个大勺子搅拌。要保证你的勺子事先清洗和消毒了，尽管糖浆和近乎煮沸的液体中极少能有杂菌生存，但保持清洁的习惯是最好的。

最终糖浆一旦配置好，就用自来水装满。做这之前，用足够的消毒剂消毒龙头的开关（龙头孔能藏匿污垢）。开龙头至少1分钟之后再把桶放到下面，再用20L水装满——你需要的总量为23Ｌ。做完之后，再喷盖的内表面，放回桶上。

第五步：测量比重和温度

在加酵母之前，最好测量两个数据——温度和比重。

加酵母的温度十分重要。太低，酵母受到抑制，啤酒发酵十分缓慢，这意味着你的啤酒只发酵到如此程度，将留给你一桶发酵停滞的，或甜的、未完全发酵的啤酒，而且因为酵母活性可以阻止细菌或野生酵母的生长，酵母不足增加了染菌的概率。

在过高的温度加酵母更加糟糕。啤酒像火箭般快速变差，它会产热使温度更高。太热会抑制酵母，使啤酒充满不利风味。最不利的风味会使你的啤酒不能饮用，且不利风味不会随时间消失。如果你添加酵母的温度非常高，高于30℃，就会导致酵母大量死亡，啤酒的风味会差得超出你的想象。

测量啤酒的温度。理想温度为18~20℃。然而，如果你家的温度在这范围之外，你的啤酒也不会失败。不用担心——如果你在16~22℃内开始发酵，你就能获得好啤酒。如果你的温度不在这个范围，你就要采取措施了。如果太热了，在一个浴池或大桶中装满冷水（如果可能的话，用冰水），把密封的桶放进去。如果太冷，把它放得靠近一个加热器。或者抱着它，连续几小时。

接下来，测量比重。这里你要测量啤酒的密度，因此你可以估计啤酒中溶解了多少糖。未发酵的啤酒的比重称作原浓（OG）。

许多人会建议你直接把比重计扔到啤酒桶里，千万不要这么做，这样会增加染菌的风险，即使所有东西都消毒了也会。这也意味着，你不能把眼睛与液面保持水平，以得到精确读数。

用桶上的龙头打出麦汁装满比重计瓶或测量圆筒。把它放到一个平面上，放到碗里或盘子里可以接住溢出的啤酒。把比重计放进去，它会上下浮动直至停止。你会发现液体表面是轻微弯曲的，这称为半月效应。真正读数是在弧面中心位置的读数。记下你的读数，你会需要用它计算你发酵的啤酒浓度。读数取决于你的套装盒，你稀释的倍数和你加入的糖或DME的量。

不要把这些液体倒回桶中，应倒掉或喝掉。

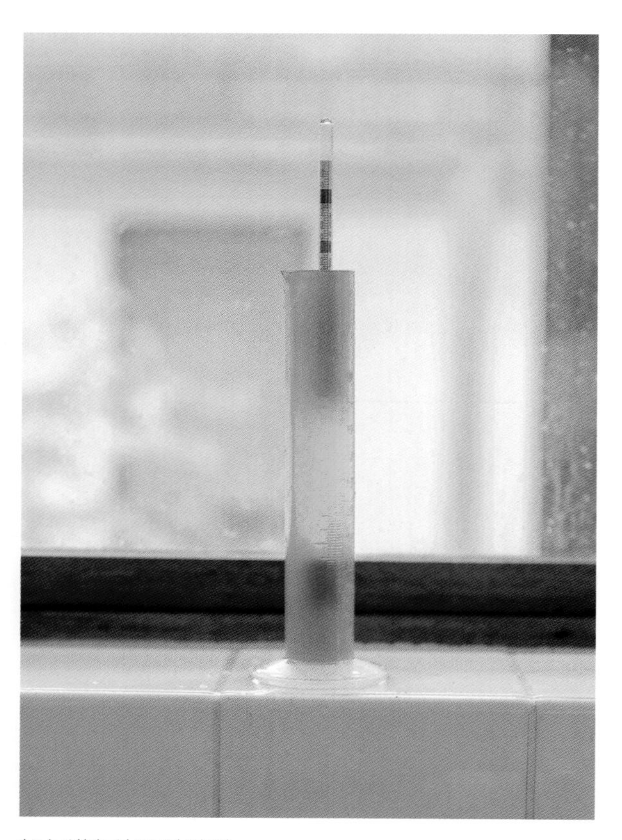

如何进行比重计读数

第六步：活化和接种

知道比重并确认温度适宜之后，可以加（接种）酵母了。我真心希望你去买新酵母，扔掉没有商标的所有袋装酵母。

向啤酒中接种足够的健康酵母细胞，以使其适当发酵是十分重要的。加少了，酵母快速生长，产生不利风味。加得稍多还好一点——最坏就是得到的啤酒有些淡薄，没有特色。

幸运的是，生产干酵母的公司已经量身定做了包装的大小。11g一袋的酵母会很适合大部分的套装盒啤酒发酵，或任何原麦汁浓度不大于1.060的啤酒。啤酒越浓，含有的糖越多，因此需要的细胞也越多。酿造高浓度啤酒时，为保证安全，你应该至少用1包半。

多数酵母公司会推荐，你在接种前活化酵母（复水）。事实已经表明，这样可以增加你从一包酵母中得到的健康细胞数。活化的效果随酵母品牌和酵母而有很大不同，许多人只是简单地把他们的干酵母撒在上面，尽管他们也知道活化会使发酵更加旺盛。

活化时，把酵母从冰箱中拿出来，然后清洗并消毒一个容器——我喜欢用一个空的果酱罐或玻璃杯。除非你知道你的水受污染了，否则你应该对龙头消毒，然后开阀门让水流过至少1分钟。关水，用水把杯子或罐子装满一半。

消毒温度计，用它检查水温。添加刚刚煮沸的水直至温度读数为25~30℃。向酵母袋上喷消毒剂，然后将上面剪掉，倒入有温水的玻璃杯或罐中，用温度计搅拌至酵母溶解。

消毒一些保鲜膜，用它盖住上口。酵母放置15分钟进行溶解，之后你可以摇晃并将其倒入桶中。重新安好消毒过的盖子和气阀。

活化和接种

1. 把酵母撒入装有冷却的、消毒的水的玻璃杯中

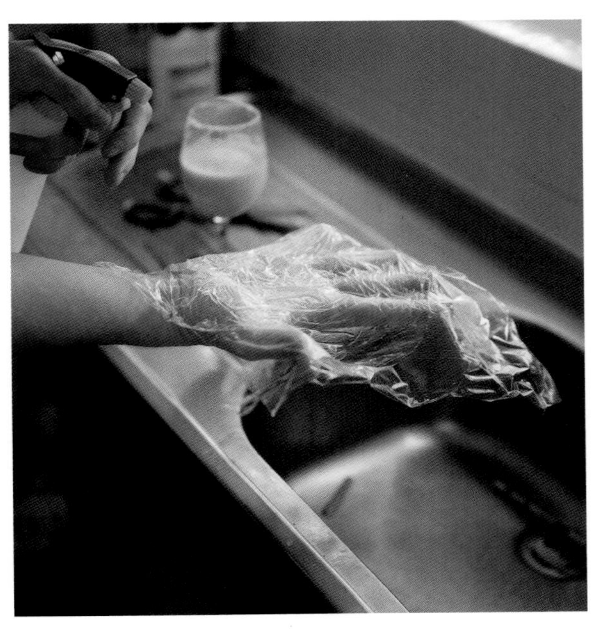

2. 用消毒的温度计混匀后，覆以消毒的保鲜膜

3. 至少15分钟后，倒入稀释了的麦芽浸出物

4. 把消毒的盖子和气阀装到上面，用消毒液加满气阀

°C °F
36 97
34 93
32 90
30 86
28 82
26 79
24 75
22 72
20 68
18 64
16 61
14 57
12 54
10 50

第七步：发酵——长达两周

恭喜，你的酵母现在准备好把糖液转化成酒精了，保证你的盖子密封完好，在气阀中倒入消毒剂，把桶挪到阳光不能直射的地方，越暗越好。你不会希望你的啤酒闻起来像臭鼬的，是吧?

不要试图打开盖子，因为可能会进入氧气或发生感染。每一粒飘在房中的尘埃都有可能携带成千上万个可以破坏你啤酒的细菌和酵母。无论你什么时候取样测温度或比重，都应该从龙头取样。每次取完样后，用消毒剂喷龙头也是一种好习惯，否则龙头会被难以清洗的污垢包裹。

你要准备好放置啤酒长达两周的时间，也可以更长，这听起来令人生厌，尤其是套装盒附带的说明告诉你只需几天就会有好喝的啤酒，但是等待是值得的。

啤酒与酵母接触时间越长，酵母除去缺陷发酵可能产生的不利风味的机会越多。一些套装盒可能要求把啤酒转移到另一个桶中进行二次发酵——无论怎样都别这么做。保持有酵母的状态，最后你会得到可口的啤酒。我酿造啤酒时遇到的许多问题都是过早将酵母和啤酒分离导致的。

你可以通过使用你开始测过的两个变量追踪发酵进度——温度和比重（即相对密度）。所有情况下，你都应该保持温度与你接种酵母时的温度相同。温度应该在16~22℃，你的目标应该是保持温度尽可能恒定。如果温度波动大，例如白天和晚上之间，可能会产生不利风味。同样的，温度高于22℃后，异常风味就会出现。

如果你发现温度缓慢上升，用湿毛巾缠在你的桶上，冷水会给发酵溶液降温。水的蒸发是吸热过程，意味着它从周围吸收了热量。随着毛巾变干，它会从啤酒中吸收热量，你可以通过用风扇吹包裹毛巾的发酵桶来进一步加快这一过程，这可以明显降温。

如果温度过低，把桶放在加热器旁边，小心地检测温度。加热的啤酒会非常快地变热。

测比重时，重复测原麦汁浓度的步骤，用桶上的龙头取样。不要每天测比重——最初做一次，认为啤酒几乎完成的时候再做一次，一天后再做一次检查它是否更低了。如果比重继续下降，几天后再检测。无论何时读数，记录下来，而且尝一下啤酒，记下尝起来怎么样。跟踪它的变化情况，它每次都会变干爽，更有酒味，风味也更加明显。

如果两天内啤酒比重相同，那你的啤酒应该结束发酵了。这个比重称为终浓（FG）。这时，啤酒装瓶就是安全的了，但你应该经常把它与酵母上多共处几天，这会除去不利风味，使你可以完全确定比重是稳定的，确定瓶中没有不希望出现的额外发酵，因为这可能导致“啤酒爆瓶”。

（对页）
浑浊的（未澄清的）发酵后的棕色爱尔

休息一下：看看我的套装盒

你在等待啤酒发酵的时候，可以想想你的未来：全谷物酿造。它最大的吸引力就是它可以给你无限的定制能力。在你做的第一批酒中，你可以做一款完全与其他人做过的任何啤酒都不一样的啤酒（尽管这是个非常不好的主意）。然而要明白，采用套装盒酿造啤酒的局限之下，还有大量实验的余地。下列变量完全由你控制，在你成功酿造一款啤酒后，我推荐你尝试几次这些东西。最后，结果将会是非常有趣的。

酒花

很明显，没有原因说明你为什么不能向任何套装盒啤酒中额外加酒花。但是它们在美式爱尔中效果最好，如美式淡色爱尔和美式IPA。一些有野心的套装盒制造者甚至开始在套装盒中带酒花了，对此我鼓掌欢呼。

为了增加最终香味而不带来任何苦味，最好的加酒花时间是发酵结束之后，装瓶之前——这称为“干投”酒花。我会把50克酒花颗粒或完整酒花加入到约20升美式IPA里，或在IPA里加100克，浸泡3天。你可以直接把它们倒进去而不用担心染菌，因为它们有抗菌的性质。如果你的一包酒花有剩余，用保鲜膜包裹，贴上标签放到冰箱中，可以下次使用，不用担心解冻的问题。

如果你使用颗粒酒花，搅动之后它们会沉底；如果你使用完整酒花，它们会漂在上面。装瓶时，到酒花那一层时停止灌装，就可以很容易地把酒花留下。

尤其适合“干投”酒花的一类是现代美国酒花，如西楚（Citra）、亚麻黄（Amarillo）、马赛克（Mosaic）、世纪（Centennial）或西姆科（Simcoe）。你可以查看我的完整酒花指南，以得到更多信息。

酵母

通常，不推荐使用有趣的酵母菌株，直到你对全谷物酿造有很好的把握，并有一些实践经验。但是酵母是我在所有酿造原料中最喜欢的，在同一物种中，它有巨大的多样性。改变酵母，同时采用相同酿造套装盒会创造出完全不同的啤酒。

一个正面试验案例是使用比利时酵母，如T-58或Safbrew修道院，用于酿造美式IPA的套装盒中，这样可把两种风格综合起来，创造充满全新感受的一款——实际上，比利时IPA像是以独立的一种风格出现的，它们常有香料味和丁香味，但却用的是香气扑鼻的美国西楚酒花。

把该种方法再与干投酒花相结合，像上面说的那样，你将会得到一款有真正优良风味的啤酒。所有需求之物，尽在套装盒中！

糖

当我们用干麦芽浸出物代替套装盒中要加的糖时，我们就做出了全麦芽啤酒。但是，如果你想要一款非常干爽、酒体轻盈的啤酒，可以任意换回一些糖。与麦芽浸出物不同，100%的糖都可以被酵母代谢成酒精，没有残余甜度。加一点糖能增加啤酒的可饮性，帮助表现其他风味，如美式啤酒中酒花的风味和比利时啤酒中酵母的风味。

而且你不应该将自己局限于枯燥的老式蔗糖，比利时深色糖（主要是深色焦糖）专为增加比利时风格啤酒的酒劲生产。同样的，你可以用来自任何超市不同比例的红糖、糖浆和蜂蜜做试验——这完全取决于你，它们都会增加酒劲和干度，但有不同程度的焦糖或蜜糖风味。

其他原料：水果和香料

当你构思你的啤酒时，想想你希望它尝起来怎么样，想想再加点东西会怎么样。你可以加许多任意的东西到啤酒里面——加的东西是好是坏，过段时间你就发现了。让我为你节省点时间吧，答案几乎都是不好。你永远不应该“因为它好玩”或“看看会发生什么”而向啤酒中添加原料。

然而，有些东西效果很好。例如，如果你在酿造世涛，你可能会想加一些衬托世涛风味的东西——巧克力精、可可粒、冰泡咖啡、咖啡豆和完整的香草荚都会很适合，问题是什么时候加入这些风味？如果不知道，你应该都在发酵结束后添加；如果酵母还有活性，它们会吸附许多风味一起沉入底部，而从啤酒中去除。

时常想想啤酒染菌的风险。只有极少原料没有污染的风险，许多东西肯定含有潜在的啤酒有害菌。通常，保证任何添加物都至少经过加热到沸点——可以直接加热，或用容器或保鲜膜密封添加物，放到70℃的热水中至少15分钟，对其进行巴氏灭菌，这样可以消除多数微生物污染。

水果，包括浆果，需要很大的量才能在啤酒中呈现明显的风味，但也要当心，它们增加的糖会使啤酒变干，尤其是上面带有野生酵母时。直到你做出开始酿造酸啤酒的成熟决定之前，先把所有的水果煮一遍。我酿造过十分有趣的树莓（覆盆子）棕色爱尔和草莓IPA。

香料应该谨慎使用——如果用多了一点，它们就会主导啤酒的整体风味轮廓。你可能想要在淡色比利时风格啤酒（如三料啤酒）中加1~2茶匙香菜籽和陈皮。香料添加的关键是要慢，加少一点，浸泡几天观察它的效果如何。如果需要更多，再加一点，直到达到了你想要的水平。但要知道加进去就取不出来了。

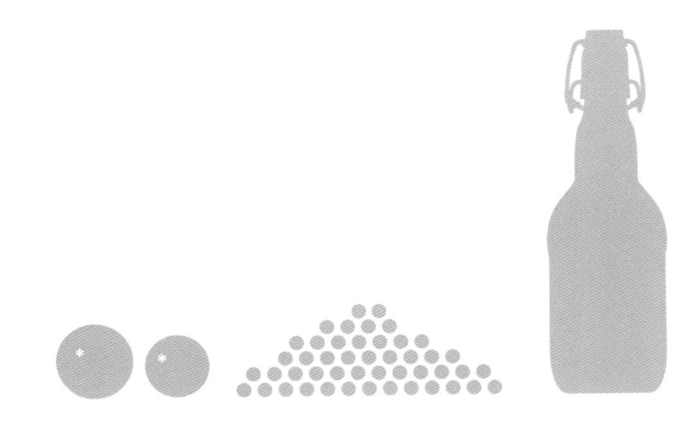

啤酒的装瓶和贮存

BITTER
BITTER
BITTER
BITTER
BITTER
BITTER

准备你的瓶子

如果你是讲究精确的人，无缘由地喜欢有条理地做无聊的事情，你会喜欢装瓶的。

而其他人呢？尝试几次之后，就会意识到这有多无聊——要做大量的工作却没有奖励，并持续数周。我建议找一个朋友来陪伴和帮忙——这会分担负担，更容易承受。而且，有多一些开几瓶啤酒分享的机会。

清洗（以及去标）

第一步是清洗你的瓶子。保证你有足够的瓶子——20升一批，你需要大约40×500mL瓶子，或60×330mL瓶子。如果你不够的话，多数酒馆会很高兴指给你他们回收仓库的方向。

如果你有洗碟机，那就太好了。把你的瓶子放到洗碟机里用最热的水温清洗，这样就清洗和消毒好了（尽管我还是会喷消毒剂，如下所述）。

在喝完任何啤酒之后，我都有用热水清洗瓶子的习惯，防止任何沉淀物或酵母变干附在瓶内。如果你让它们固定了，多少消毒剂都阻止不了这个瓶里会发生污染，然后我会把我的瓶子堆在瓶架上（就在煤气表旁边）。

当到了装瓶那一天，我喜欢一次性全部清洗和去标，不要从贴有错误的或难看的标签的瓶子里倒出你的啤酒。我会先放一浴缸水，里面加大量清洗液，我把带标签的瓶子放到里面。如果你没有浴缸，你可以用一个超大的桶，或在水槽里浸泡。热肥皂水会让大部分标签直接脱落，但有些不会脱落，最后需要用刀背或带齿的木铲刮掉。我最喜欢的工具是奶酪切片器。

去除标签后，冲洗每个瓶子直到里面没有泡沫残留——如果你不确定，就闻闻瓶子。如果你能闻到一点清洗液的味道，就再冲洗一会。我经常最后晃一遍，然后摆成一长列，准备消毒。你可以在酿酒前几天做这一步。还有就是，在消毒之前再用热水冲洗一下每个瓶子。

消毒

消毒很简单——一手拿瓶子，另一手拿喷壶，使瓶子倾斜，向内喷6~7次，同时旋转瓶子，你要确定让每块内表面都覆盖上了消毒剂。把消过毒的瓶子排成列，以备灌装。现在先让消毒剂留在里面。

数数你需要的瓶盖，把它们放到一个碗里，倒入消毒剂没过它们。尽量不要剩太多，因为与消毒剂的接触可能会使它们在下次装瓶前生锈。如果你有摇摆瓶盖，你要用大量消毒剂喷橡胶环。

加糖

在啤酒装瓶之前，有必要检查一下它的酒精浓度。公式需要原浓（OG）和终浓（FG）：

酒精含量/%（体积分数）=（OG−FG）×131.25

这只是一个粗略的酒精含量计算公式，但我从来不手算，因为我从来没记住。我很懒——我下载了6个不同的APP，以更加精确地计算它，你也应该下载一个。

下一步是加糖，这指的是装瓶之前向啤酒中加糖的步骤，剩余的酵母会发酵这部分糖而产生CO_2（也有一点酒精）。因为这些CO_2不能逸出，瓶内压力逐渐上升，你就会得到有泡沫的啤酒。

最简单的方法是使用灌装桶——我十分希望你按照我的推荐买一个带盖子的二手桶（见塑料桶），清洗和消毒也同样要一丝不苟，和先前清洗消毒发酵桶一样。你还要找出并清洗你的硅胶管、装瓶管和量杯。

第一步，把量杯放到一个天平上，称取100克细白砂糖，这足够20升啤酒饱和二氧化碳产生适量的泡沫。但是，如果你想更加精确，看看本章末的饱和二氧化碳含量表，表中显示了每种风格适合的饱和二氧化碳含量，以及需要加多少糖才能达到这个含量。

向量杯中至少加入300mL刚刚煮沸的水，用消过毒的勺子搅拌，使糖溶解，这是糖溶液。倒出桶里的消毒剂，然后把糖溶液倒入其中。

第二步，把灌装桶放到地上，盖子要盖紧。把满的发酵容器放到桌子上或椅子上，两个桶之间就有高度差了。可能需要放置5分钟使酵母沉降，同时喷洒硅胶管内部进行消毒，保证泡沫接触全部内壁，再消毒外表面和发酵桶龙头。实际上，要用消毒剂喷洒所有东西。

把管子接到龙头上，另一端放入糖溶液中，这样它可以接触糖溶液桶的底部，保持糖溶液桶的盖子大部分盖着，阻止带有细菌的灰尘落入。

打开龙头，使啤酒缓慢从一个桶流入另一个桶，保证管的一端在液面以下。管中的液流应能适当地把啤酒和糖溶液混合。无论你做什么，不要溅起水花，以免啤酒中进入氧气，你不希望你的啤酒尝起来有潮湿的纸板味吧？随着啤酒的减少，你可能会想稍微倾斜发酵桶，但是动作不要太大，以免激起底部的酵母和沉淀物（又称为冷凝物），它们应该被留下。把所有啤酒倒出之后，把装瓶管从灌装桶中移出，盖好盖子。把发酵桶移走，把灌装桶放到操作台上后，终于可以给美丽清澈的啤酒装瓶了。

只有一个桶？

按照上述步骤，打开前发酵容器并把糖溶液直接倒入。用清洗消毒的勺子非常小心缓慢地搅拌，不要溅起水花，尽量不要激起酵母层。但是，这不可避免地会搅动酵母，所以发酵容器应在操作台上至少放半小时再装瓶。

加糖

1. 称糖，然后用沸水制成溶液

2. 用足够的消毒剂消毒硅胶管

3. 把发酵容器放到桌子上，灌装桶放到地上

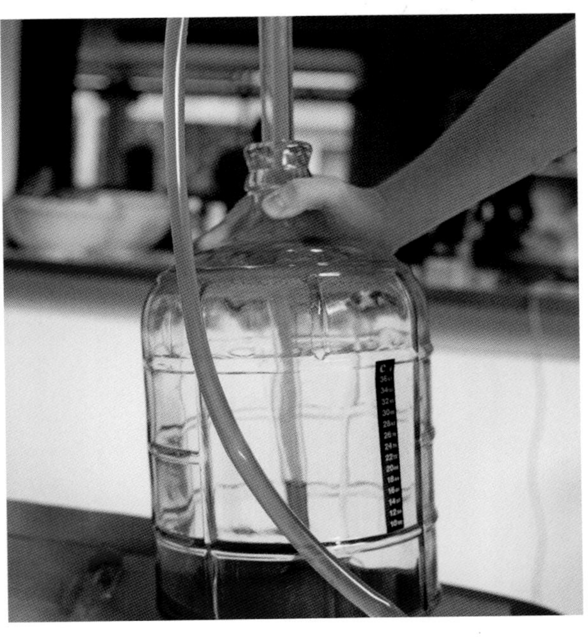

4. 把啤酒从发酵容器虹吸到灌装桶中，必要时使用龙头

装瓶

在这里你可以启动你自己的生产线了。在你面前，桌子上或操作台上，要有装满的灌装桶，桶盖盖着但不能密封。旁边要有足够的消过毒的瓶子来完成这一批装瓶。另一边，要有一碗皇冠盖和压盖器。

灌装桶的龙头应该伸出操作台的边缘。把（清洁消毒过的）装瓶管连在龙头上（记住，你可能需要一段管子，可能还要一个夹子，把灌装管和龙头适当连接）。打开龙头，看着啤酒充满装瓶管。

在装瓶管下方放一个碗——它会接收滴落的大部分酒液，也是倒多余的消毒剂的地方。

拿起第一个瓶子，把剩下的消毒剂倒入碗里——相当于再次消毒瓶子和瓶颈。把瓶子放到装瓶管下面，开始灌装——小心地看着，要让啤酒至少装到瓶子颈部，再移开它。在上面放一个消毒的盖子，用压盖器密封。

恭喜，干得好，应该感觉不错，但还有一百万个瓶子等着灌装。

随着桶里的啤酒越来越少，你会想把桶倾斜，这样龙头就会一直有啤酒流出——我喜欢用卷起的毛巾把桶的另一边支撑起来。注意不要扬起沉淀，以免最后一瓶中有酵母残渣。如果龙头没有保持被酒液淹没，瓶中就会进入空气，导致氧化。

装瓶后贮

啤酒装瓶后，你会想要用某种方式标记瓶子。我会用永久性马克笔在瓶盖上写下一两个标识字母和酒精度；一些人会用不同颜色的瓶盖标记啤酒，一些人甚至为每种啤酒设计并打印了标签。这完全取决于你。

把瓶子放到远离阳光直射的约为室温的地方，这个阶段称为装瓶后贮，也就是在“调整”。啤酒在瓶中不仅会饱和二氧化碳，酵母也会变成食物来源，否则它将变得很难闻，该过程也会除去大部分你装瓶时进去的氧气，防止氧化。后贮2周再评价你的成品啤酒，幸运的话，你可能3天内就有好喝的、饱和二氧化碳的啤酒。

虽然瓶子是深色的，紫外线仍然会一定程度地穿透，因此你的啤酒也可能会有臭鼬味（见日光臭）。不要把瓶子贮存在冰箱或任何冷的地方——这会使瓶中发生的二次发酵停止，让你的啤酒二氧化碳含量不足。幸运的是，二次发酵没有那么关键。当酵母在稍温暖的温度下代谢纯粹的糖类，就不会产生那么多不利风味。因此，如果你想让啤酒快速饱和二氧化碳，就把瓶子放在温暖的地方。

收拾完你的工具后，你可能想小睡一会。但是，你要确认你已清洗完毕，没有比黏黏的啤酒裹在你下次酿酒要用的装备上更糟的事情了，要弄干净很痛苦。你永远不应该把任何脏的装备扔到一边不管。

（对页）
装瓶管从下往上装瓶

饱和二氧化碳

不同的啤酒，其最佳杀口力水平也不同。我们可以通过改变装瓶前加糖量控制啤酒的杀口力，通过溶解到啤酒中的二氧化碳（CO_2）含量衡量杀口力——测CO_2体积。

并非像“多少糖能赋予多少杀口力”那么简单，啤酒的体积和温度影响着你应该加多少糖。如果啤酒温度低，就可以溶解更多CO_2，因此不用加很多糖；如果温度高，就反过来了，因为CO_2随着温度上升而从液体中逸出。这就是为什么温的瓶子可能会发生泡沫喷涌，而凉点儿的只是发出点“嘶嘶”声。

下表所示为不同啤酒类型的饱和二氧化碳含量：1.5体积是温和的，2.5体积是活泼的，超过3体积后，在室温打开或轻摇后打开就可能起泡沫。多数瓶子最高可承受4或5体积，但是小心那些薄的或易碎的瓶子，它们可能会碎。

饱和二氧化碳含量

英式淡色爱尔和苦啤酒	1.6~2体积
波特和世涛	1.8~2.2体积
比利时爱尔（淡色）	2.5~3.5体积
比利时爱尔（深色）	2~2.5体积
塞松和农场爱尔	3.5+ 体积
美式爱尔	2.2~2.7体积
拉比克	2.5~3.5体积
拉格	2.2~2.7体积
小麦啤酒	3.5~4.5体积

为了最好的结果，你应该在线或用APP计算糖的添加量（尤其是如果你酿造帝国系列啤酒时），下表粗略显示了要达到特定的二氧化碳体积每20L啤酒需要添加的蔗糖克数。对于10L啤酒，你可以减半使用。

加糖计算器

	1.6	1.8	2	2.2	2.4	2.6	2.8	3	3.2
16℃	50g	66g	82g	98g	114g	130g	146g	162g	178g
17℃	52g	68g	84g	100g	116g	132g	148g	164g	180g
18℃	55g	71g	87g	103g	119g	135g	151g	167g	183g
19℃	57g	73g	89g	105g	121g	137g	153g	169g	185g
20℃	59g	75g	91g	107g	126g	139g	155g	171g	187g
21℃	61g	77g	93g	107g	125g	141g	157g	173g	189g
22℃	63g	79g	95g	111g	127g	143g	159g	175g	191g

装瓶的替代方案

是的，装瓶太费时间，简直要命。结束时，你可能已经弄得地板黏糊糊的，浴缸出水口被啤酒标签堵满。然而，我还是真心建议这么做。像酿酒那样，它需要大量时间，但这是值得的——没有什么比你打开第一瓶饱和二氧化碳啤酒的瓶盖时发出的声音那么悦耳了。

不装瓶的最简单的方法就是直接当成成品啤酒饮用。从发酵容器中放出，没有杀口力。一些守旧派酿酒者提倡这样，但是这可能更突显了他们陈腐的酿酒观念。对欣赏啤酒的人，会毫不犹豫地使啤酒有一些含气量和成熟的时间。据我所知，有三种装瓶的替代方案：便宜但是效果不好的，节约而效果可接受的，昂贵但效果很好的。

塑料桶

第一个选择是加压的塑料桶系统，通常是琵琶桶，模制的塑料容器，带有旋盖和龙头。在顶部，有可以连接小型CO_2钢瓶的配件，为啤酒充气，以更长时间地保鲜。灌装就像清洗、消毒、加糖和啤酒虹吸一样简单。

和听起来一样，它们并没有多好，除非你计划短时间内喝完23L。制桶的塑料种类是高密度聚乙烯（HDPE），实际上氧穿透性很好。拧上盖子可能会阻止啤酒穿过，但阻止不了空气缓慢渗入，而且随着CO_2的饱和，内部有了压力，会有大量渗漏。而那些小型CO_2钢瓶呢？会烧坏的，因为它们太小了，装不了多少CO_2。这些塑料桶是为不懂啤酒，不关心啤酒，准备2~3天就喝光啤酒，和那些不介意喝开瓶放了好几天的啤酒的人准备的。别用这个。

迷你桶

迷你桶是5L的钢桶，它们顶上有一个橡胶塞子堵住的孔，通常在底部有塑料龙头。你可能在超市见过它们装着品牌啤酒，你可以喝掉啤酒，留着桶装你自己的啤酒。它们可以一直再利用，除非划破或变形了。

你可能听过它们被称为“宴会桶”。你可以容易而快速地加糖，并从上面灌装，就像一个大瓶子。装瓶时，可以同时装一两个迷你桶，这确实是个不错的主意。出酒不用其他装备，应使用底部的龙头，它们也足够小，可以装到冰箱里，非常适合几个朋友一晚上或一个周末使用。

但是迷你桶不适合慢速或理性地饮用啤酒。每次你放啤酒都需要打开阀门，使空气进入，导致啤酒的氧化和劣化加速。在打开之前，迷你桶可以和瓶子存放的时间一样长，一旦打开，品质会快速下降。把它当成一个钢的5升木桶，如果保持冷藏，可以存放2天或3天的时间，不过前几品脱都会没有杀口力。

一些人通过使用穿过阀门的出酒系统来处理这个问题，它们充入CO_2来使饱和CO_2的啤酒穿过上部龙头，而不会吸入空气，这样理论上即使在打开之后也可以尽可能长地保持啤酒质量了，最后一品脱应该会和第一品脱一样好，一样杀口。你只需要保证你的零件清洁消毒和安装牢固。

实际上这些系统非常好，唯一缺陷就是相对较贵。你需要很多迷你桶（也很贵）来装完一批，更别说几批了，但是你可以通过分别装迷你桶和瓶子来折中一下。

为了清洗桶，你需要把所有东西泡到清洗溶液中，通常需要过夜，因为你不能从深而黑暗的角落看到或清除任何污垢。锈迹是难以避免的，当你尝试撬开旧塞子，薄钢套可能划伤，尽管我曾用螺丝刀缠绝缘胶带成功过。

还有一项考虑不可避免，这样违反了你与舍友间的冰箱空间协议——为了占用他们冰箱的一些空间，你可能会放弃一部分啤酒。

全套桶系统

想想自己家里完整的酒吧风格打酒系统。是，就是这么棒。

但是你确定工作量很大吗？显然没有。清洁消毒一整批和清洁消毒一个灌装桶用的时间一样长，一个桶正好装一批。不用担心加糖或二次发酵——几天你就可以拥有完美饱和二氧化碳的啤酒。你的啤酒不会损坏，不论你喝多少桶。最重要的是，你家里有了随时可以从龙头取用的啤酒。

缺点呢？当然是又大又贵。

这不是你在套装盒酿造阶段想要投资的东西。然而，所有坚定的家酿者最终都会上一套全套桶系统。

（对页）
皇冠盖和摇摆盖都是不错的选择

全谷物酿造：额外的装备

你好，很高兴你看到这里了。全谷物酿造，或者说只由麦芽、酵母、酒花和水酿造啤酒，是你对酿造的热爱真正开始的地方。我羡慕你正经历的旅程，我希望我可以再走一遍，当然是不要重复那些犯过的许许多多的错误。

我们要从补全你可能考虑买的或物物交换的基本装备开始，你会用它们以袋中酿造的方式酿造大批啤酒，这是酿出与世界上所有酒厂一样好喝的啤酒的最简单的方法。如果你不知道买什么装备，我会为你找到既便宜又容易得到的东西。无论如何，请翻到酿酒日一章看看是如何使用它们的。

大锅

这是要考虑的第一件也是最重要的一件装备。你的选择决定你可以酿造多少啤酒和多浓的啤酒。糖化时，水和谷物要在这个容器里浸泡，然后麦汁和酒花在这里煮沸和冷却。有很多选择，刚开始时宜选择最小的、最便宜的。酿造小批量的啤酒是欢乐的，你需要的另一件东西就是一个谷物袋，这样就可以开始了。

选项1：汤锅（10L）

前不久，我买了一个大的酿造系统。这是一个错误，它一批只能酿造20L以上啤酒，它们需要空间、时间、精力和金钱的投入，而我从未冒险过。

11L的汤锅是我买过的最好酿造装备，它不会占用整个厨房，一次酿造只占用电炉的一个加热板。我发现，通过高浓度酿造然后稀释（称为高浓稀释），我几乎也可以一次酿造整整一批啤酒。清洗毫不费力，什么事干起来都很快。

全谷物酿造从这里开始。要明白如果你有电磁炉，但不是所有的锅都适用。另一个便利就是你不需要开孔或加龙头，因为锅很小，你可以举起它，搬走它，把最终的啤酒直接倒入桶里。

重要提示

如果你想用最少的花费，你需要的就只是一个大锅、一个谷物袋加上之前已说明的必要装备。我在此列举的其余任何东西都是为了让你轻松一点。如果你想酿造满容量（20L）批次，那么有些东西是很重要的。

选项2：塑料桶

这是一种酿造满容量批次的老式的、节俭的方式。准备额外的一个桶和一个加热棒（这些都可以在家酿百货商店买到）。要开始酿造宝贝啤酒了，这很有趣，很便宜，不时地改进测量技术也是有价值的。

注意：高密度聚乙烯（HDPE）桶耐热，但是装满沸水后也会变形。千万不要把煮沸的麦汁洒到身上，或伤到自己。

你需要的装备：

1×30L HDPE桶（必须是HDPE或HDPP，耐热）
50cm铜管，15mm直径
2×15mm弯头
1×15mm球阀
1×15mm罐压缩接头
1个电加热棒和插头
聚四氟乙烯（PTEE）胶带（可选，用来修补渗漏）

你需要的工具：

管剪　电钻和小钻头　钢锯
锋利的刀　大螺丝刀　钳子
永久性马克笔

1. 你需要在桶上打两个孔——一个接加热棒、一个接龙头。前者先用马克笔在桶壁上画出穿线的圆。圆的底部应距桶底至少10cm。

2. 如果你有打孔器，钻一个适当大小的孔，然后进行第4步。如果没有，在圆心钻一个孔，然后用锋利的小刀从中心向圆周割。重复至少7次，绕着圆切割。

3. 掰弯一片，用小刀割掉。掰弯并切割，直到得到近似八边形的孔。用刀把角修剪平滑，或使用电钻剪掉小块，直到加热棒适合穿过。

你需要的装备

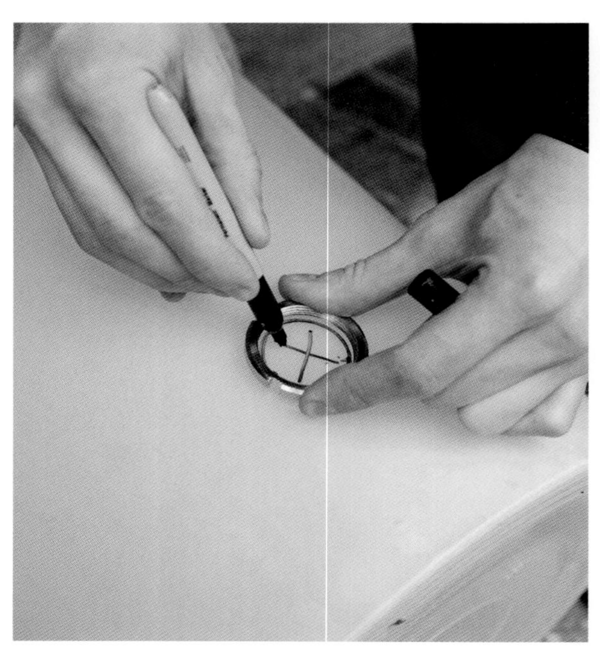

按加热棒和罐接头用笔划线，标记开孔位置

钻孔，或遵照钻孔指南（35页）

1cm间隔切口，制作酒花过滤器

用钳子把酒花过滤器末端掰弯

把罐接头拧上，小铜管接到外侧

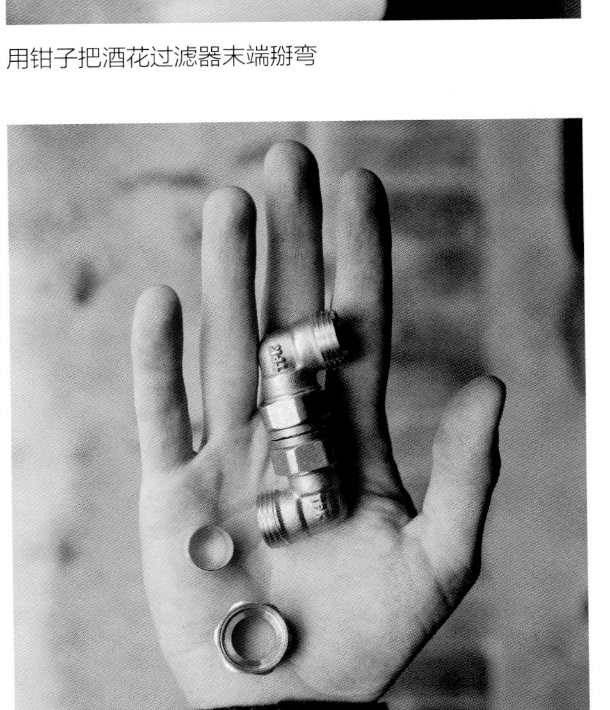

使用90° 弯头制作S形弯管

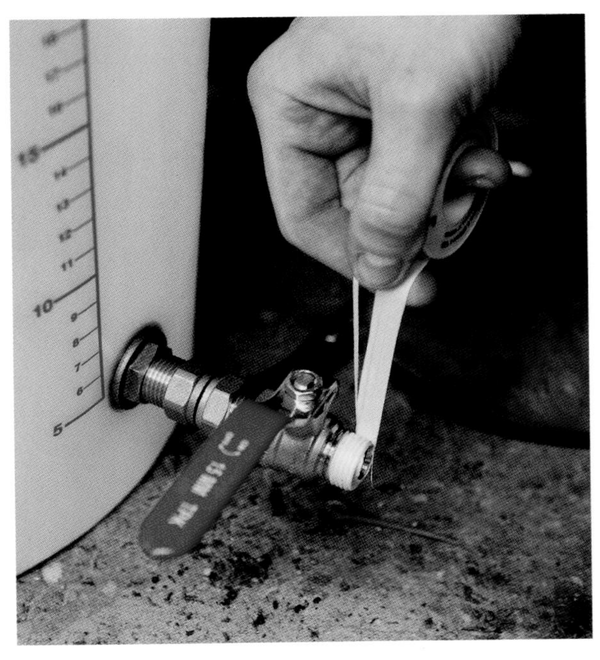

用PTEE胶带修补渗漏的地方，百分之百管用

4. 在桶的另一边，重复龙头的开孔过程。孔的大小应该由绕罐接头的穿入侧边缘画圆决定，这个孔可以在距桶底5~15cm的任何地方。

5. 制作酒花过滤器。用管剪剪一段20~25cm的铜管，以1cm的间隔用钢锯制作多个切口。要锯到距离管的另一半大约一半左右的位置，最后用钳子把末端掰弯。

6. 再剪一段约15cm长的管子。把罐接头穿过桶上的小孔，垫圈在外侧，拧紧。剪断并穿过一段5~10cm的铜管，然后用压缩接头上紧。

7. 你的目标是得到一根伸在桶底的酒花过滤器，使锯出的孔朝向底部（使你转移时可以放走所有液体）。你需要弯头拼成S形——S形的底线是酒花过滤器，然后你需要两个非常短的管：一个连接两个90°弯头，另一个接在罐接头上。

8. 简单安装酒花过滤器，然后放到位。太高？太长？你可能需要从你的铜管上再锯一些，你会想出怎么做的。如果它太高了，过滤器没有沿着桶的底部，给两个弯头之间剪一段更长的管子。最后，按你的需求上紧。

9. 把球阀装上，杠杆朝向桶的外侧，然后再装最后一段铜管。可以把这最后一段铜管当成软管接头，在上面连接硅胶管，最后一步是接上加热棒，就准备好了。

（对页）
组装完成的煮沸桶

15 MM TPK
ON
OFF

选项3：又大又亮的不锈钢锅

在家酿中，许多东西最好由不锈钢制作，大的酿酒锅也是如此，许多线上或实体的家酿零售商都有大的高档锅任你挑选。

如果你想买又大又亮的锅，要么买大的，要么就别买。我推荐买50L或更大的锅，因为这个容量可以很容易生产20L一批高浓度的啤酒，如果你想的话，也可以生产40L的中等浓度啤酒。最重要的是，如果你买了50L的锅，那你的桶和所有其他装备都可以放到里面，它是一个可以生产大量啤酒的小的、可搬运的装备。

如果你想走这条路，你需要两个东西：

1. 热源——可在加热棒或直接加热之间选择。如果买加热棒，要清楚在长时间煮沸或麦汁浓度高时它们可能会烧焦，从而会在啤酒中产生烧焦的味道。我推荐找一个低功率加热棒，让供应商提前钻孔，在高质量不锈钢锅上钻孔简直是噩梦。用电磁炉的话，向供应商确认锅是有磁性的，可用电磁炉加热。煤气灶是最简单的，你可以直接把锅放上去。

2. 合适的龙头——你还需要一个与锅适配的龙头，方便倒锅。我会找一个不锈钢的1.5cm的球阀，外边带有软管接头。里边需要一个火箭筒式酒花过滤器。任何可以卖给你大锅的人，都应该可以为你把这些东西配好。为了方便测量，你可以让他们按照观察孔来做，他们很在行。

（对页）
可选项，“火箭筒”式过滤器

谷物袋

酿酒时，糖化后我们需要东西过滤麦槽。传统上，酿酒师在糖化锅中糖化，糖化锅带有过滤器。当进行袋中酿造（BIAB）时，我们使用谷物袋。

你可以从任何家酿商店买一个谷物袋，也可以缝一个袋子。

你需要的材料：

大纱布

尼龙线

尼龙绳

你需要的工具：

缝纫机

别针

剪刀

笔

1. 首先，需要知道你需要多大的袋子。我们要把它做成长方形。通常，你的锅应该刚好能装在你的袋子里。抓住纱布卷，绕着锅缠绕，重叠超出20cm并标记，从标记点垂直划线，与纱布边缘平行。

2. 为了剪出高度，先将剪出的纱布上边与锅对齐，然后提起30cm，在锅底边处标记纱布，从标记处水平划线。

3. 你现在有了一大块长方形纱布。长边是锅的周长加上20cm，而宽是锅的高加30cm。剪出这个长方形。

4. 像书一样对折这个长方形，别针别住两边，留下开口一边，开口边就是你袋子的上边。

5. 缝合别住的边缘。然后，为了强度更高，在与第一条缝合平行的1cm处再做一条缝合。

6. 在开口处，你需要一条通道来穿绳，在袋子的顶边做一个收口。当心，因为你在剪纱布，你可以使用纱布卷。如果你没有，从开口处剪5cm折叠，做成圈，别住然后缝上，当心不要把袋口缝上。

7. 剪一段绳子，要比你认为你需要的长些，穿过通道直到从另一边穿出，然后打一个结实的结。你可以用这条绳收口和搬运袋子，这样就完成了。

保温

无论你用什么容器，最好做保温隔层。糖化的时候，需要保持温度恒定，如果能确定当锅达到一个温度，在超过一个小时的时间里降温不会超过一度，那是最好的。

保温最简单的方法是用棉被和毛毯包裹你的锅。把它裹严。但是，这会给你查看糖化、搅拌或检查温度造成困难，这样也会使亚麻布变黏、变成棕色。

通过用保温隔层包裹锅，可以避免忙乱。最经济的材料是泡沫做的，带有衬金属片的野营垫，任何大超市都有售。剪两层，和锅一般高，裹上去，再给盖子剪两层，这样保温隔层就足够了。使用管道胶带去密封，即使经常被啤酒和水浸湿也不会松动。

缝制

1. 粗略测量足够的材料，使你的锅适合装到谷物袋中

2. 对折，用别针别住两侧的开口边

3. 用尼龙线缝边，拿掉别针

4. 把绳子穿过通道

麦汁冷却

1. 展开铜线圈，这样使得它效率更高

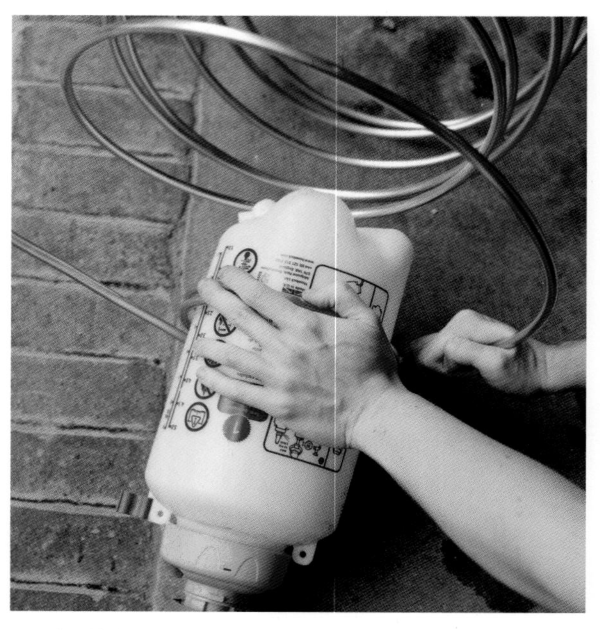

2. 绕着某个硬而圆的物品弯曲，小心别扭管子

3. 保持线圈弯曲，拉紧，为保险起见两端分别预留出1m

4. 将末端弯折向上，这样它们就可以向上伸出锅的边缘，末端上紧水管

冷却器

快速冷却啤酒有很多好处——这样会减少污染的风险，防止冷浑浊的产生，并节省酿酒日的工作时间。

对可以放入水槽的小锅来说，专用冷却器太大材小用了。这种情况下，你可以放上盖子，用保鲜膜密封，水槽装满冷水，最好是冰水。把锅放进去冷却，水槽中的水变热后换水。适当摇晃锅体，会大大缩短冷却时间。

对大的锅来说，买一个麦汁冷却器是最好的，下面的一个就可以在几分钟内把20L的麦汁降温到酵母接种温度，它称为“浸入式冷却器”，你可以在多数家酿供应商处买到一个已经安装好的。然而，这个做起来很简单的东西要价很贵。请朋友帮你做一个是非常实用的。

你需要的材料：

10m长的10mm直径铜管

2条带联接螺旋夹（蜗杆传动软管夹）

备用橡胶软管，长度足以连接龙头

混合型水龙头（软管接头，或3/4英寸（1.905cm）的强力型BSP软管接头）

强力胶带，如管道胶带

你需要的工具：

螺丝刀

锋利小刀

一个大的、圆的、比锅小的东西，可以围绕它弯曲冷却器，如水桶、酒桶、迷你桶或小锅。

1. 小心。弯曲铜管需要很大的耐心。不要使管子扭曲，否则你需要剪掉这一段，用10mm的压缩接头替换这一段。它可能会造成泄露，也可能会感染或稀释啤酒。这一步可以请朋友帮忙，如果你没有朋友帮忙，你可能需要一个便宜的弯管器，它会防止管子扭曲。

2. 用一个坚硬的圆物体（不要用你的手）慢慢将铜管弯曲成紧密的线圈，两端各留约1m不弯曲。你的管子应该已经松散地绕起来了，这种自然弯曲的管子有助于完成冷却工作。

3. 坚持直到距管另一端1m处，尽你全力保持线圈紧实。这一阶段，用一个较小的圆东西将两端弯折向同一方向，你的冷却器现在应该能站起来了。

4. 将管两端弯折，这样它们可以伸出任何锅。必须弯折超过90°，否则软管的泄露都会滴入啤酒中。

5. 剪两段软管，长度足够让你将冷却器连到水槽。你可以把锅移到水槽附近，这样软管就不用很长了。用胶带缠绕管子末端，这样软管可以紧密地滑到管子上，用管卡来固定铜管两端的软管。

6. 一根软管深入水槽，另一软管连到水龙头（或水槽下方的软管接头）。打开水管，检查软管和铜管连接处有无微小渗漏。需要的话再上紧。

7. 如果还有渗漏的麻烦，你有几个选择。第一是不要担心——如果你的冷却器造型正确，水会滴在远离啤酒的地方，例如滴在毛巾上。第二个是用更多胶带填充缝隙，或剪一段2cm硅胶管，安到铜冷却器两端，再上紧软管。要从根本上杜绝泄露，可以使用压缩接头。我的压缩接头往往先转成0.5英寸（1.27cm）BSP接头，再接软管接头。

袋悬挂系统

对较大批次的酿造来说，将袋子保持在锅上方过滤麦汁是十分困难的，但不是不可能的。在这种情况下，最好配一个小的悬挂系统。只要能找到某个够结实、够高，能够拴系绳子使袋子挂在锅上方的东西，那就太棒了。在家里，我用一个家用梯子和绳子（哪种绳子都可以），效果非常好，组装也非常快。

1. 糖化结束时，打开家用梯子放到酿造锅的上方，使梯子顶端正好在锅中心的上方。

2. 在绳子末端系一个单套结，得到一个圈。先用绳子穿过袋子的把手或收口绳，至少穿过30cm。这是“短端”，要越过梯子的一端是“长端”。

3. 在长端将一小段绳子扭转形成扭结，继续直到形成小圈。

4. 左手拿着小圈。短端穿过圈后钩在长端（闲置端），从圈中穿回，拉紧弄牢。圈里放上重物，检查一下它是否能承重。

5. 将绳子扔过梯凳，在顶端台阶绕1~2圈。便宜起见，尼龙绳就可以，它可以提供很好的耐力，使你可以控制袋子的上升和下降。

6. 拉紧绳子，使袋子从麦汁中升起来开始过滤麦汁。将绳子系到牢固的东西上以固定，如桌子腿——不要系在梯子上，这样就有了可靠的、悬挂的谷物袋。

酿酒软件

目前，已经有家酿商开发了家酿APP。

酿造啤酒涉及诸多计算，酿酒软件可以帮助你。你可以精确按照我的配方走，但你得到的啤酒仍然和我的有些许不同，因为这里有太多需要考虑的变量。这款APP可以帮助你追踪你加入的每个变量，让你知道这些变量如何改变你的啤酒。以酒花为例，每一年，每次收获都不一样。通过输入你特定的酒花属性，酿酒软件会明确告诉你今年的啤酒会有多苦。

我推荐你找一个多功能合一的软件，并一直坚持使用。可以把你完整的配方输入，它会反馈给你需要的所有参数，它会记录你所有的配方和达成的参数，使你可以比较、排序和重温你酿造的每款啤酒。

BeerSmith是一款可以在PC和Mac上运行的软件（不要手机或平板版本）。它不是最智能的，界面也不是最好的，但它可以帮你控制相当多的酿造变量，并基于你在自己装备上得到的结果，来定制你期望的结果。然后，它会带你一步一步完成整个酿造过程，甚至它可以为你计时。它有你所需的一切，但不是免费的，它有3周试用期，你可以试试它是否值得购买。

如果这个不适合你，你可以试试BrewCipher，它是经过很多配方统计出来的计算结果，被整合在一张电子表中。是完全免费的，但你需要有可以打开和编辑电子表格的软件，如Microsoft Excel。它有很棒的用户指南和惊人的功能。你唯一需要做的事情就是，保存每个你创造的配方到另一个电子表格中，因为它不会做对照。

还有一些免费的网页版软件，Brewtoad可能是其中最专业的、最美观的和最简洁的一款——对我来说，它最好的功能就是可以与线上朋友和酿酒同行分享配方，它有酿造新手所需要的全部东西，而且免费，智能设计，使用简单。对于有多个酿造方案、多个配方以及优化配方的需求，它还有一个“专业”版本，但需要付费。

Brewer's Friend是另一个允许你创造配方的在线软件，可以使用它独特的酿造计算器或打印出需要的酿造表并手动填上变量。你不需要注册。Brewer's Friend还有面向苹果和安卓的APP，上面有关于酒精含量（体积分数）、糖度计温度校正和二次发酵加糖等的基础计算。它很便利，但还有很多其他APP也能做同样的事情，它也不是你最初选择的酿造软件的替代品。你完全可以从上面选一个酿酒软件，并坚持使用。

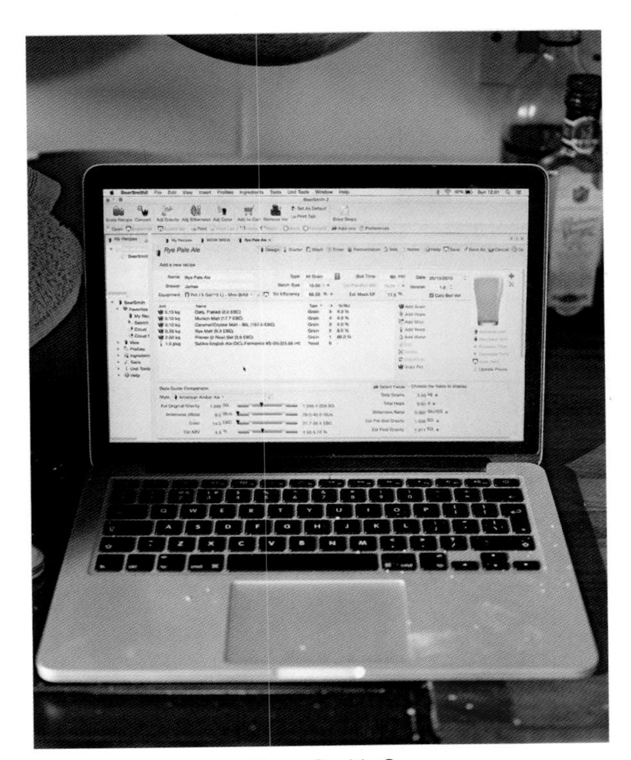

Beer Smith 2

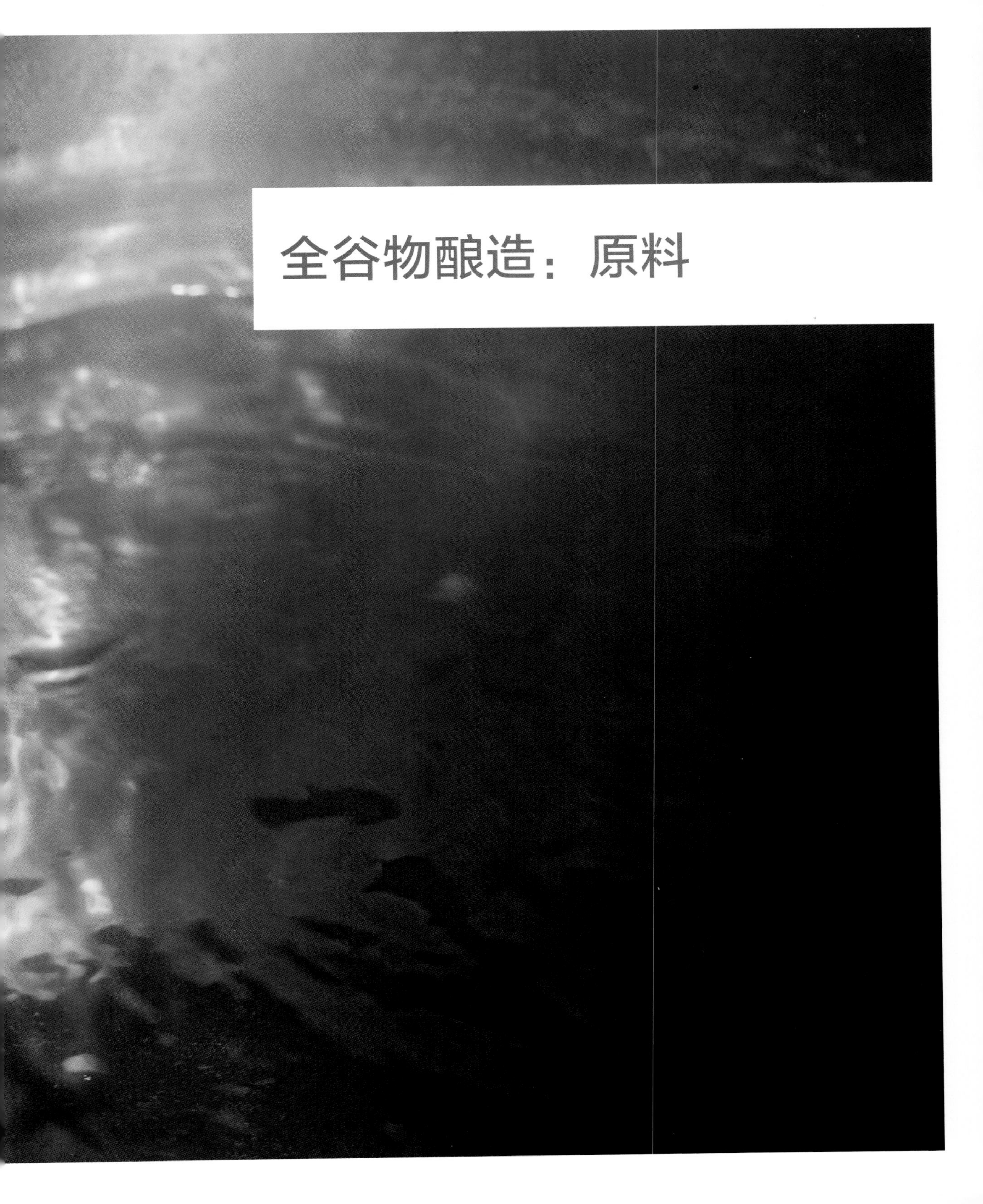

全谷物酿造：原料

啤酒是由麦芽、酒花、酵母和水酿造而成的。问题是如何解释这四种原材料是怎样变成如此美味的啤酒的，下面是我的尝试。这并不意味着需要牢记，只是用来做参考用的。我尝试以娱乐的方式来解释这个问题，我怀疑我是否能成功？

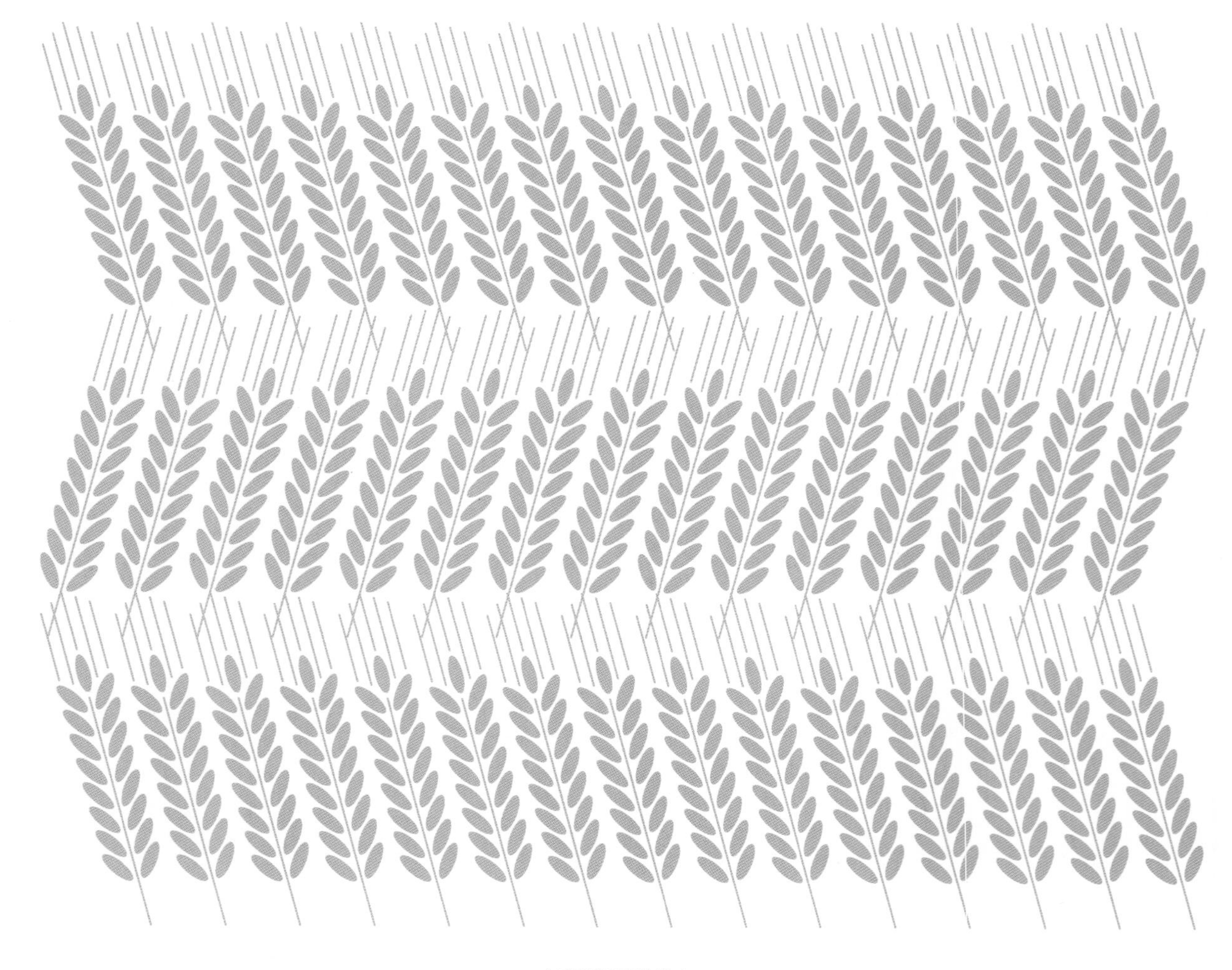

谷物配比

谷物提供最终转化成啤酒的糖类，大多数情况下麦芽提供的占大部分。

制麦就是将谷物浸渍在水中的过程。大麦会发芽，产生酶来分解和释放储备的淀粉。实际上，这是谷物在利用自身贮存的能量去生长。在酿造过程中，我们可以利用它的能量来酿造啤酒。

我们有时讨论谷物的“溶解”，是指大部分的淀粉从纤维素外壳中分离出来，因而酿造啤酒时可以利用。新鲜的麦芽有很好的溶解能力，可以从中获得大量的糖类。

在谷物的胚芽开始生长之前，通过来自干燥室的热空气进行迅速烘干，以阻断发芽过程，这个过程称为干燥。令人烦恼的是，许多酶发生了变性（变得无用），但是很多酶依然保持活性。这些酶的多少决定了麦芽的糖化能力。麦芽的糖化能力意味着它将淀粉分解成其组成成分（糖类）的能力。

在糖化期间，具有较高糖化能力的少量麦芽能够转化比它本身包含的淀粉更多的淀粉，这就是为什么能够额外添加大量的焦香麦芽和未发芽谷物的原因（这两者没有糖化能力），且最终的成品啤酒不含有淀粉。

干燥以后，麦芽生产的最后一个阶段是粉碎，就是将谷物碾压成碎麦芽的过程，以进一步释放其中的淀粉。此时在酿造过程之前的工作基本完成，未粉碎的谷物也很便宜。有人已经证实，随着时间的推移，粉碎麦芽的糖化能力会迅速地消减，但是我们用陈谷物酿造啤酒的人对此更为了解。如果你准备购买25kg的袋装谷物，不用担心粉碎，购买预先粉碎的谷物就可以。如果有顾虑，就尽快使用。

世界上有各种各样的麦芽，每一种的生产方法都是不同的。它们可以被分成两类：有糖化能力的麦芽（基础麦芽）和没有糖化能力的麦芽（特种麦芽）。

基础麦芽

基础麦芽占啤酒配方中的大部分，几乎所有的啤酒都是浅色麦芽或者拉格麦芽占主导地位，但是基础麦芽不一定无趣。大多数基础麦芽是十分相似的，可以混合在一起使用，赋予各种啤酒完美的、复杂的风味，而颜色变化并不大。

浅色麦芽

在美国，主要分为二棱麦芽（用于酿造酒体清澈的啤酒）和六棱麦芽（这种麦芽有更多的酶，由于其较高的蛋白质含量，能使酒体更黏稠、更醇厚）。

在世界上其他的地方，二棱麦芽使用更多，但是如何生产它们有显著的差异。就像你选择的葡萄决定了你的红酒，同样你选择的麦芽决定了你的啤酒。

玛丽斯奥特（Maris Otter）麦芽能带来相当好的酒体、较好的糖化力和一种类似饼干和坚果的风味，给英国、比利时或者美式爱尔啤酒增加特色，因此我在许多配方中用到它。它是一种优质且便宜的麦芽。

比利时淡色爱尔麦芽是英国浅色麦芽的一种替代品，当你酿造比利时啤酒时，可以考虑使用。我不经常使用它，当我用它的时候，不指望它给啤酒带来更多的比利时风格。一般而言，我酿造比利时风格的啤酒往往用比尔森麦芽酿制。比利时浅色麦芽和玛丽斯奥特麦芽的感官品评测试显示它们比较相似，这些麦芽具有相似的指标。

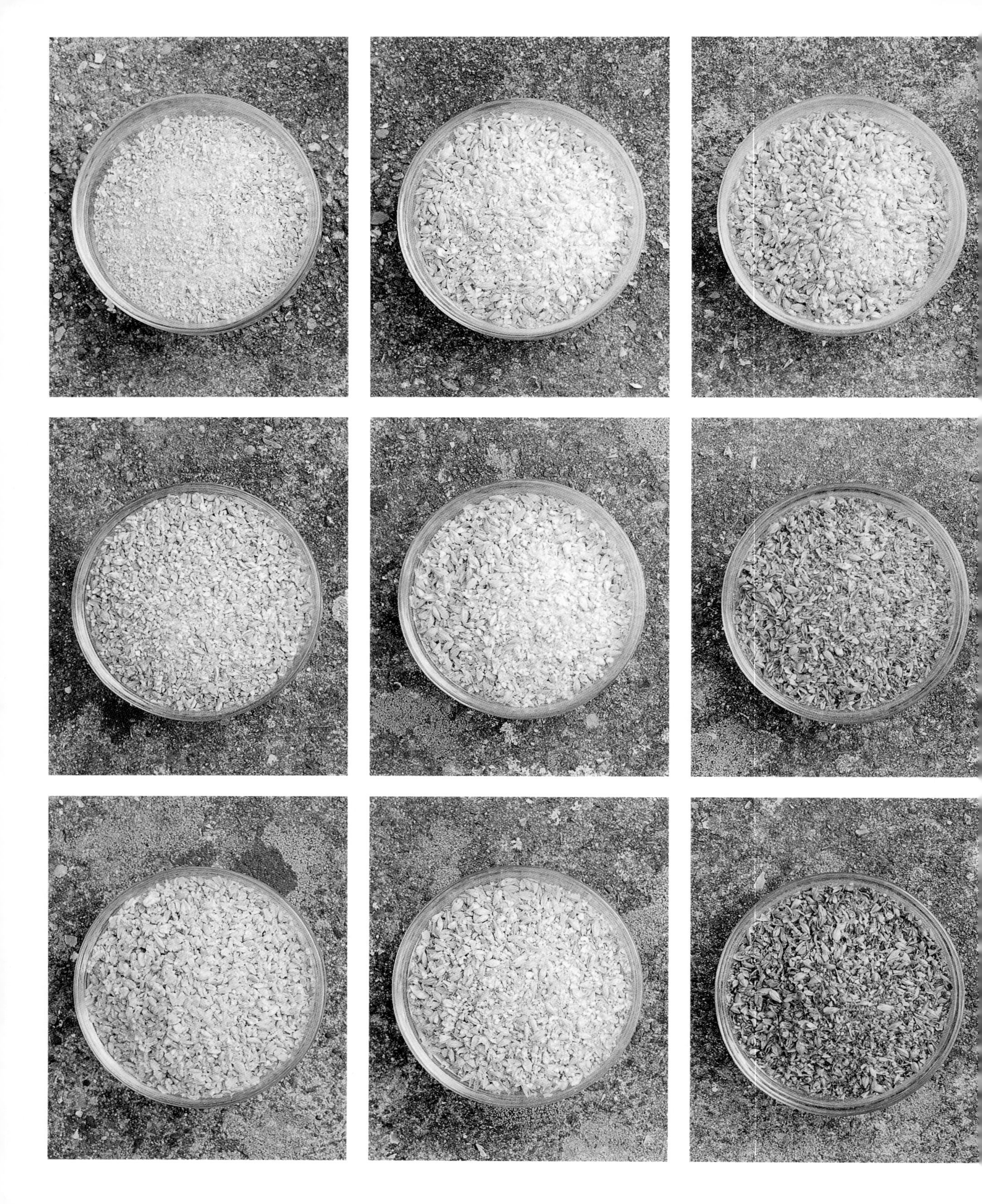

麦芽色度表

1	4	7	10	13
2	5	8	11	14
3	6	9	12	15

1 黑麦麦芽

2 小麦麦芽

3 未发芽小麦

4 比尔森麦芽

5 比尔森焦香麦芽

6 慕尼黑麦芽

7 玛丽斯奥特麦芽

8 浅色水晶麦芽

9 水晶麦芽

10 棕色麦芽

11 特种麦芽B

12 超级深色水晶麦芽

13 巧克力麦芽

14 烘烤大麦

15 卡拉发3号麦芽

拉格麦芽

我们有颜色最浅的麦芽可用，酿造拉格或者比尔森啤酒时，其占比往往是100%，在生产者和原产地之间则会有轻微的变化。波西米亚麦芽比德国比尔森麦芽稍微香甜点。我曾经使用维耶曼（Weyermann）的经典麦芽获得了期待的结果；对于比利时啤酒，我使用迪格曼斯（Dingemans）的比尔森麦芽。

由于在干燥过程中需要低温，拉格麦芽比浅色麦芽拥有较高含量的甲硫氨酸。在糖化过程期间，甲硫氨酸会降解成另一种称为二甲基硫（DMS）的化合物，这一点要知道。DMS会给啤酒带来一种令人讨厌的药草味和类似玉米的香味。由于其挥发性，与浅色麦芽制成的啤酒相比，用拉格麦芽酿造的啤酒必须要经过较长时间的煮沸才能将其DMS含量降低到其阈值之下。

轻微焙焦的麦芽

它是有色麦芽，需要在较高温度的干燥炉中进行轻微的焙焦，但是不需要破坏它全部的糖化力，这样可以使其中的所有淀粉都转化成糖类，不需添加任何基础麦芽，但是浸出率并不高。

最常见的是慕尼黑麦芽和维也纳麦芽。使用百分之百的维也纳麦芽，就可以酿造酒体丰满、富有饼干味的维也纳风格拉格啤酒和博克啤酒（Bocks）。慕尼黑麦芽颜色稍深，可以增加酒体颜色，可以酿造坚果味和中等甜度的琥珀啤酒，例如三月啤酒（Märzens）。我总是使用慕尼黑麦芽，因为它对于增加麦芽特性是非常有用的，并且没有太多的甜味。如果你想要酿造一款干性美式IPA，用它是很方便的。

小麦麦芽

谁说啤酒需要用发芽的大麦来制作？除了我5分钟之前说过。发芽的小麦和发芽的大麦具有同样的糖化能力，但是它缺少外壳，有较少的单宁，有更多的蛋白质，因此能赋予啤酒较柔和的口感和较好的泡持性。德国小麦啤酒可以用100%小麦麦芽来酿造，但是其用量很少超过70%。

烟熏麦芽

在德国，将山毛榉材在麦芽的下面进行燃烧，以带来烟熏味，用来酿造烟熏啤酒的一种麦芽。由于相对较低的温度，这种麦芽颜色较浅，使用量可以达到100%。如果你想尝试一种粗犷的、强烈的烟熏风味，你可以使用来自苏格兰的泥煤烟熏的麦芽，那种风味就像艾雷岛威士忌一样令人回味，除了有一点点糟糕之外。我使用泥煤烟熏麦芽是非常、非常少的。

特种麦芽

这些麦芽是用来增加啤酒风味和色泽的，它们几乎没有糖化能力，浸泡于热水中通常足以提取出期望的成分，这对于只使用麦芽提取物来酿造的人来说是一种小技巧。对于全谷物酿酒师来说，通过浸泡将其转到醪液中的方法，简捷而迅速。

结晶（焦香）麦芽

结晶麦芽也是从浸渍开始的，就像其他的大麦发芽一样。采用逐渐升温的工艺替代在干燥炉中干燥，这样可以激活其中的酶，将淀粉转化成糖类。然后，将这些

麦芽进行适度加热，这些新形成的糖类随着麦芽的干燥而焦化。加热导致了糊精的形成，而这类长链糖分子是不能被一般的酵母发酵的。

因此，结晶麦芽会赋予啤酒香甜味，而且酒体丰满，就像焦糖的风味和颜色一样。焦香麦芽占全部谷物的10%以上是不明智的：若使用太多，会导致过腻和过甜。结晶麦芽没有糖化能力，不能转化淀粉，它们可以溶解在热水中，可以使酒体饱满。如果你希望酒体丰满，采用酿造盒酿酒亦是此法。

根据焙焦时间，结晶麦芽可以有不同的颜色。焙烤最轻的麦芽，例如焦香比尔森麦芽和糊精麦芽，可以丰满酒体，并使啤酒带有甜味，只是焦糖风味很少。单一的结晶麦芽是按照颜色的等级来销售的，从浅到深，颜色越深，甜味和焦糖风味越高，啤酒就变成了深红色。颜色最深的麦芽可以赋予啤酒烘烤风味。特种麦芽B是一种颜色非常深的比利时结晶麦芽，可以赋予修道院啤酒葡萄味和深太妃糖香气。

烘烤麦芽

这种麦芽在较高温度下焙焦，但没有经过特定的高温浸渍转化成结晶麦芽，便制成了烘烤麦芽。由于烘烤强度很高，应适量应用，过量添加会使啤酒有较苦的、烧焦的饼干味，尽管这种粗糙的口味会随着时间的推移而变得比较圆润。它们没有糖化能力，用量不宜超过全部谷物的5%。

英国琥珀麦芽是一种普通的烘烤麦芽，通常用在波特啤酒和棕色爱尔啤酒中，可以赋予一种烘烤面包的风味。另外一种深色版本是棕色麦芽，能赋予啤酒轻微的咖啡味和可可味，但没有黑麦芽带来的风味纯正。饼干麦芽来自于比利时，能使啤酒口味更醇香，更令人愉快。

所有的烘烤麦芽都可以在家里制备，在烤炉内于180℃下烘干浅色麦芽，直到得到你想要的棕色。制作烘烤麦芽需要太多的精力，直接购买最方便。

黑麦芽

这种麦芽的生产方法和烘烤麦芽非常类似，其加热时间更长、焙焦温度更高，会呈现黑色，基本用来酿造世涛啤酒和波特啤酒，能赋予啤酒浓烈的巧克力和咖啡风味。你的选择不局限于大麦，烘烤的小麦、黑麦和斯派尔特小麦都是可以使用的。你通常看到它们作为巧克力麦芽销售，浅色巧克力麦芽通常作为其风味弱化的选择。黑麦芽应与其他品种一起使用，但是不要超过总麦芽量的10%。

如果将巧克力麦芽烘烤到碳化的程度，便成了黑麦芽（专利麦芽）。它品尝起来有种烧焦、辛辣的咖啡味。你可以少量使用，以调整啤酒颜色，其中维耶曼（Weyermann）卡拉发特种麦芽Ⅰ、Ⅱ、Ⅲ号是更好的选择。这种麦芽是脱皮的，以移除一部分苦味和焦煳味，而不只是向啤酒中增添黑色。卡拉发Ⅲ号的颜色是最深的，在所有麦芽中我最喜欢它。

未发芽的辅料

有的谷物没有经过发芽和干燥过程，因此它们的糖化力很弱、甚至没有，也没有适度溶解。为了提供可发酵糖，它们必须和基础麦芽一起使用。这些谷物通常有助于提高啤酒浊度和泡沫持久性。

小麦

未发芽的小麦可以为啤酒提供重要蛋白质和复杂碳水化合物。拉比克和其他的酸啤酒通常会使用较大量的小麦，其较长链的碳水化合物可以为野生酵母和细菌提供能量，而啤酒酵母却不能代谢。在英国啤酒和美国啤酒中，常常添加少量小麦（<5%），以醇厚酒体、增加泡沫持久性，而不会使啤酒外观浑浊。

燕麦

我非常喜欢燕麦，会在接触的每种啤酒中都添加，它不会给酒体带来任何的甜味。添加大量燕麦的啤酒有一种美妙的、柔和的口感，不会发腻。燕麦啤酒是适饮的、干爽的和有黏附感的，也是品质极好的。由于它们富含蛋白质，会让添加燕麦的啤酒看起来像沼泽湿地。然而，与一款透明清澈、没有添加燕麦的啤酒相比，我更喜欢一款含有燕麦的浑浊爱尔。

黑麦

现在，你可以得到较多的各种黑麦麦芽以及各种基础黑麦麦芽，每种特点与大麦版本几乎一致，并略有辛辣味，能让人想到裸面粉粗面包，有一种干爽的口感，但是这种油滑的口感与燕麦带来的口感并无不同。如果你喜欢它，增加其使用量吧，越加就越浑浊。

大麦

未发芽的大麦能为啤酒带来丰富的谷物风味以及良好的泡持性，它的使用可以降低成本，如果你的基础麦芽有较好的糖化能力，其使用量可以占全部谷物的50%左右。未发芽的大麦比发芽的麦芽便宜多了。但若大量添加，啤酒就会相当粗糙，令人感觉很不对劲。如果你要用它来增加特色，不要超过谷物总量的10%。

烘烤大麦

这是一个颜色很深但不黑的品种，将未发芽的大麦烘烤到变黑来制成，通常是酿造世涛啤酒的基本原料，可以提供粗糙的、烧焦的苦味以及一些咖啡和巧克力的风味。我认为在大多数情况下，它应当被禁止的，在我的世涛啤酒中你不会发现它，我不认可它。

一些人说，世涛啤酒离开了烘烤大麦芽就是典型的波特啤酒。我得告诉这些人，这类谷物现在已经过时了，不应该只为了纯粹的传统而将其纳入配方中。

大米和玉米

酿造一款品味纯正的拉格啤酒请选用大米或玉米。这些谷物对风味几乎没有影响，只是发酵糖。首先，你需要通过在沸水中煮沸使其淀粉糊化，直到它变软，以使它们转化成可发酵性糖。然后，你需要准备具有高糖化力的基础麦芽（如浅色麦芽或者拉格麦芽），以转化它们。

有趣的是，如果你用煮过的玉米做啤酒，并且最终品尝到啤酒有煮熟的玉米味，这并不是玉米贡献了这种风味，而是你酿造的啤酒中二甲基硫（DMS）含量太高。下次，记得要延长麦汁煮沸时间，以降低DMS含量，消除DMS所带来的煮玉米味。

酿造糖

不像糖化谷物是由可发酵糖和不可发酵糖共同组成的，酿造糖能够被酵母完全发酵，因此可以制作一款干爽啤酒。较深色的酿造糖可以赋予啤酒葡萄干味和糖蜜味。若添加糖类略多，会导致啤酒略显寡淡；若添加太多，则会带来苹果酒味。

蔗糖

添加蔗糖，可以使酒体干爽，令人畅饮，而不影响风味，特别是在IPA和双料IPA中。它与少量未发芽的燕麦和小麦适量配比时，可以防止一款干爽的啤酒变得淡薄。添加量不要超过总谷物的10%。

比利时果糖

比利时果糖实际上是各种深色的糖浆，由加热到形成焦糖的蔗糖构成。从化学角度来说，蔗糖组成成分有果糖和葡萄糖，加热后形成转化糖糖浆，继续加热，糖分会焦化。焦化过程是一个剧烈的、复杂的化学反应，导致了发生褐变，产生一种类似太妃糖和焦糖的口味。

你选择的糖浆颜色越深，你获得的焦糖风味越浓。例如，比利时深色烈性爱尔啤酒中，这些物质贡献了一种类似葡萄干和深色水果的风味，同时还有糖类带来的不可避免的干爽口味。

你可以添加少量的水和酸（例如酒石酸氢钾和柠檬汁）来加热蔗糖，制作你想要的深色糖。慢慢蒸煮直到出现焦糖，然后冷却5分钟。之后，从上方加入些开水，尽量使焦糖在低温下融化。等它溶化后，与水混合形成糖浆。

其他的糖浆，例如金色糖浆，使用方式基本相同。通常用量很少，因为它不是太美味。

蜂蜜

我相信蜂蜜是现存的最好的啤酒添加物。蜂蜜的美妙在于它的香甜味，由于蜂蜜中的糖类是可以发酵的，它在发酵期间会彻底消失，添加它将会得到一种干爽的、适饮的啤酒。如果你真的喜欢蜂蜜风味的啤酒，在煮沸结束时添加，或者在主发酵之后添加，以保证尽可能少的香味被煮沸去除。

蜜糖

我所要说的是：尽量少用。蜜糖是糖精制品的一种副产物，它存在在各种各样的红糖中，有一种较浓、较苦的口感。它在英国的深色啤酒中表现良好，例如棕色爱尔和波特啤酒。

乳糖

大多数糖类都是添加到干爽啤酒中。换句话说，如果想要啤酒更甜一些，就可以添加乳糖。它一般大多数添加于牛奶（甜）世涛和后期调整甜度的苹果酒中。乳糖不能被一般的酿酒酵母所代谢，因此它会一直残存于啤酒中。

如果你添加到啤酒中的是野生酵母，乳糖的香甜味是不起作用的，这是由于野生酵母有使用它作为能量的潜力。它们将其转化为二氧化碳，会有爆瓶的可能性。

糖化辅料：大米壳和燕麦壳

壳不会提供任何发酵能力、风味和颜色。它们用于含有大量黏性谷物（例如燕麦和小麦）的醪液中，以便于麦汁过滤，或易于洗糟。如果你有一套传统的酿造系统，经常会遇到醪液堵塞过滤筛板的问题，加入大米壳可以很好地解决这个问题。在袋式酿造系统中，我们不必担心这样的麻烦事，可以忽略。

苦味值（IBUs）

如果酒花需要提供典型的苦味，那么它就要被煮沸。α-酸是酒花中提供苦味值的关键化合物。当它们超过79℃以上发生异构化的时候，它们会溶解在啤酒中并变得更苦，酒花煮沸时间越长，带来的苦味越大。这种苦味值用IBUs（国际苦味单位）来衡量，它属于学术范畴，但非常有趣。在1L啤酒中1mg的异构化α-酸便是1个IBU值，它是很小、很小的一个量。人类可感知的苦味极限是100IBU，超过该值，啤酒也不会感到更苦。

酒花

酒花就是啤酒花植株（*Humulus lupulus*）的雌花，其花朵看起来像小的绿色松果，含有调节风味和苦味的酒花精油。它们要经过采摘、干燥，然后包装到密闭容器中，以保持新鲜。

如果离开了酒花，啤酒就不能称为啤酒了。一些人添加酒花是由于其杀菌保质的原因，但是这不是今天在啤酒中使用酒花的原因。首先，酒花能提供平衡，其苦味抑制了来自麦芽的甜味，提高了可饮性；其次，其香味增加了啤酒的复杂性，防止啤酒变得单调。它们使啤酒变得有趣，使啤酒变得更像啤酒。

苦味和香味

酒花可以粗略地分为苦型酒花和香型酒花。苦型酒花比香型酒花有更高的α-酸含量，所以在煮沸期间添加会提供更多的苦味，香型酒花一般在煮沸结束前添加，以防止复杂的香味物质被蒸发去除。

这是一个传统的分类方法。现在的酒花都是有双重目的的，许多苦型酒花能带来一些有趣的香味，特别是与其他酒花搭配使用时。香型酒花也可以提供苦味，只要你添加较多的酒花，但酒花是很贵的。然而，作为家酿师，使用香型酒花来增加苦味却花费较少，因为你可以不用再打开一包新的酒花（因为香型酒花是必用品）。

α-酸含量表明酒花的苦味能力，不同采摘时机和酒花种类之间有很大的差别，煮沸含α-酸含量较高的酒花会使啤酒变得更苦，较高α-酸含量的酒花通常被称为苦型酒花。

无论何时酿酒，酒花的添加应当根据特定的配方略有变化。每次结果都是独特的，这意味着为了达到相同的苦味值，在酿造过程中的不同阶段，你需要添加或多或少的酒花。你可以用复杂的公式计算出需要添加多少酒花，也可以使用酿造软件。

酒花有多重评价标准，可以通过苦味值来确定酒花质量的好坏。但我的观点是通过风味而不是价格来判断。苦味值只是一个范围，一种酒花可能有较高的α-酸，但是却带来一种粗糙的、不令人喜欢的苦味。

酒花α-酸变化的原因是一个很热门的争论话题。长期的理论研究表明，这是由于每种酒花中α-酸的不同异构体所导致。最常见的α-酸（葎草酮）能提供柔和的苦味，而合葎草酮则提供粗糙的苦味。

或许最好的方式不是考虑你所购买酒花的等级，而是通过经验来确定。你反复使用的、能提供清新平衡的苦味酒花是你要坚持的，勇士（Warrior）、哥伦布（Columbu）和马格努门（Magnum）都是安全之选。

根据个人喜好来选择香型酒花。你选择的酒花取决于你想要酿造啤酒的风格和你喜欢的风味。如果你想要做一款美式IPA，你就需要一款烈性美国酒花。如果你想要柑橘类水果味，你就要选择西楚（Citra）、亚麻黄（Amarillo）和马赛克（Mosaic）；如果你喜欢传统的辛辣味和松枝风味，你需要选择奇努克（Chinook）和西姆科（Simcoe）。选择权在于你自己，世纪（Centennial）总是个不错的选择。

然而，当你第一次想要做比利时风格的啤酒时，你不想用上述酒花的任何一种，比如说，酒花带来的平衡是非常美妙的。在比利时三料啤酒（Belgian Tripel）中添加大量的特异酒花（例如西楚），你会发现你酿造了一款令人困惑的啤酒。要坚守啤酒的固有特性！如果你真心相信它会带来更多的酒花特性，下次酿酒时，你可以将配料分成两份，做对照试验。

什么时候添加酒花

苦型酒花的添加

在煮沸的开始阶段添加这种酒花。过60~90分钟之后，α-酸异构化。任何香气物质都会被煮沸蒸发，麦汁中没有任何的香味。

第一麦汁中加酒花（FWH）

这与上面提到的稍微有点不同，我真心建议用它作为一次练习，第一麦汁过滤结束就添加酒花。理论上，这样容易导致酒花油的氧化，随着麦汁的加热，其溶解度会更高，有助于将其风味贮存在酒体中。不像在酿造中争论的许多问题，这个理论与现实更加一致，研究表明，在第一麦汁中添加酒花会带来少许的粗糙苦感，但总体而言，更有利于啤酒。

风味添加

在煮沸的最后30分钟添加酒花能够带来香味和苦味之间的一种平衡。在这期间，不是所有的香味物质会被煮沸蒸发，因此会赋予啤酒一些特色。

酒花“炸弹”

这是家酿者几乎独有的一个尝试，因为对于商业啤酒厂太不经济了：所有的苦味来自正确的风味，香型酒花在煮沸结束前15~20分钟加入。由于在煮沸开始你没有添加少量的苦型酒花，你需要大量的昂贵的香型酒花达到目标苦味。这样的好处是酒花香味和风味无与伦比，这与以获利为目的的啤酒厂是不一样的。

香气浸渍

煮沸结束后，许多酿酒师会添加更多的酒花，例如在回旋沉淀槽中添加，然后让这些酒花浸渍10~30分钟。提醒一句，即使你停止了加热，麦汁也会保持在接近煮沸温度，因此会有大量的异α-酸异构化继续进行，你的啤酒最终会很苦。相反，如果麦汁温度冷却到酒花异构化温度阈值（79℃）之下，你可以喜欢添加多少酒花就添加多少酒花，想浸渍多久就浸渍多久，不会赋予啤酒更多的苦味，这是增加酒花香味的唯一方法。

干投酒花

如果你想要使你的酒花香味进入另一个等级，干投酒花是目前的一个方法，也就是向发酵中的啤酒中添加酒花，通常在二次发酵之后。如果你添加酒花的时候，酵母也同时在工作，挥发性化合物可能会被二氧化碳带走。在较高的温度下、较短的时间内添加是好的做法，这样可以防止干投通常带来的青草味。我通常在18~21℃下使其发酵3天。

酒花购买与贮存

无论你需要哪种酒花，新鲜是关键。

酒花需要购买氮气密封包装的。最好贮存在密闭的尽可能低温的冰箱中。一旦拆封，应当用食品级薄膜包起来，冷冻，并尽快用完。

辨别一种酒花是否新鲜，通常可以通过嗅闻其气味，如果一种酒花闻起来是不愉快的或者在任何方面都没给人留下印象，就不要用这种酒花，并要求退钱。新鲜的酒花应当能打动你的心灵。

密封不当的酒花会丧失新鲜感，因为它们的香味挥发非常快，在较温暖的温度下贮存会使苦味降低很多。

一般的酒花种类

下图是所列出的酒花。选择使用哪种啤酒花完全取决于你，但这仅仅是酒花种类的一部分。个人认为，它们都是优质酒花。

美国酒花

来源/种类	苦型或香型	α-酸含量	风味	替代品
亚麻黄（Amarillo）	苦香兼优	8%~11%	柑橘香，葡萄水果香	世纪，西楚，马赛克
阿波罗（Apollo）	苦型酒花	15%~19%	淡爽的苦味，风味阴冷	CTZ，勇士，马革努门
卡斯卡特（Cascade）	苦香兼优	4.5%~7%	松脂味和柑橘味，在美国标准下偏淡	世纪
世纪（Centennial）	苦香兼优	9%~12%	卡斯卡特的改良品种，大量的花香和柑橘香	卡斯卡特，亚麻黄，奇努克
奇努克（Chinook）	苦香兼优	12%~14%	较好的苦味，松香、菠萝味和辛辣的香味	世纪，CTZ
西楚（Citra）	苦香兼优	11%~13%	强烈的柑橘、醋栗、百香果、荔枝味，苦味优良	亚麻黄，马赛克，世纪
CTZ（Columbu, Tomahawk &Zeus）（哥伦布，战斧，宙斯）	苦香兼优	14%~18%	用作香型酒花稍微次一些，苦味较好	奇努克，世纪
马格努门（Magnum）	苦型酒花	12%~14%	特别清爽的苦味	CTZ，勇士
马赛克（Mosaic）	香型酒花	11.5%~13.5%	热带水果味，强烈柑橘味，草莓味	西楚，亚麻黄
西姆科（Simcoe）	苦香兼优	12%~14%	百香果味，松香味和舒适的猫尿味	顶峰，奇努克
顶峰（Summit）	苦型酒花	16%~19%	辛辣，较好的苦味	CTZ，勇士
勇士（Warrior）	苦型酒花	15%~17%	温和的，松脂香的，具有极其柔和顺滑淡爽的苦味	CTZ，马格努门，顶峰

英国酒花

起源/种类	苦型或香型	α-酸含量	风味	替代品
挑战者（Challenger）	苦香兼优	6.5%~9%	木质香，绿茶香	任何英国酒花
法格尔（Fuggles）	香型酒花	3%~7%	忧伤感，沧桑感，绿草味	任何其他品种
东肯特戈尔丁（East Kent Goldings）	苦香兼优	4%~6%	温和的花香，辛辣味和泥土味，任何英国爱尔最好的选择	任何英国酒花
北酿（Northern Brewer）	苦香兼优	8%~10%	松脂香	奇努克，东肯特戈尔丁，目标
目标（Target）	苦型酒花	8.5%~13.5%	较好的苦味，辛辣味和鼠尾草香气	马格努门，任何英国酒花

欧洲酒花

起源/种类	苦型或香型	α-酸含量（%）	风味	替代品
哈拉道-中早熟（Hallertau Mittelfr ü h）	香型酒花	3%~5%	温和，花香和辛辣味	萨兹，泰特昂
赫斯布鲁克（Hersbrucker）	香型酒花	2%~5%	温和药草香，中药味和水果香	斯派尔特，泰特昂
珍珠（Perle）	香型酒花	6%~10%	温和水果香，薄荷香和香料味	北酿
萨兹（Saaz）	香型酒花	2%~5%	非常温和的花香和辛辣味	哈拉道，泰特昂
斯派尔特（Spalt）	香型酒花	2%~6%	温和，花香和辛辣味	萨兹，泰特昂
泰特昂（Tettnang）	香型酒花	3%~6%	泥土味和草药香，温和	萨兹，赫斯布鲁克

新世界酒花

起源/种类	苦型或香型	α-酸含量（%）	风味	替代品
莫图伊卡（Motueka）	香型酒花	6%~9%	强烈的热带水果，柠檬和酸橙	马赛克，尼尔森-苏维
尼尔森-苏维（Nelson Sauvin）	苦香兼优	12%~13%	荔枝，醋栗，马尔堡长相思干白	马赛克，西楚
银河（Galaxy）	香型酒花	11%~16%	柑橘风味，桃子味	西楚，马赛克，亚麻黄

水和水处理

别忘记啤酒中含量最多的原料是水，这一点非常重要。

最重要的建议：不用太过担心水，优质的啤酒几乎可以用所有的水来制作。韦斯特勒行（Westvleteren）的修道士用极端的硬质水，制造了世界上杰出的啤酒，然而我和其他的家酿者采用完全没有经过处理的软质水也可以制作出杰出的啤酒。

在你使用主要原料酿造之前，你需要问你自己，你喜欢水的口味吗？如果回答是不喜欢的话，表明你想要用某种方式处理你的水。水可能品尝起来是糟糕的，这是由于它有太多的矿物质，或者缺少某种矿物质。

水处理，或者添加化合物以达到最佳酿造状态，是轻而易举的事。你只需要弄清楚怎么处理你的特种水。然后，需要做的就是在酿造的开始阶段，添加一点点很便宜的粉末。你可以通过获得基本水质报告来弄清楚你的水中主要成分是什么。你的水供应商会提供这些信息，大多数地区的水供应商在网上提供这些信息。如果不提供，当你向他们索要信息的时候，他们必须提供给你一份报告。

最应该注意的化合物是碳酸氢盐和钙离子。

碳酸氢盐（总碱度）

处理须知：如果超过150mg/L，则适宜酿造浅色啤酒；若低于100mg/L 或者高于300mg/L，则适宜酿造深色啤酒。

在你的水质报告中，首先要找到碳酸氢盐含量。如果碳酸氢盐很高，说明你的水质较硬。如果你煮沸的是硬水，碳酸钙会沉淀在你的煮沸锅，并在酿造设备上留下白斑。由于它是碱性的，碳酸氢盐对醪液的pH有很大的影响，较好的pH控制对醪液的影响是至关重要的，淀粉也能较好地转化为糖类。在淡色啤酒中，碳酸氢盐含量越低越好；在深色啤酒中，由于深色谷物呈酸性，如果你获得是软水，你可能需要考虑添加碳酸氢盐。

处理

对于大多数人来说，含量稍高一点的碳酸氢盐，如半勺石膏就足以调节酸度的等级。对此痴迷的人喜欢使用pH计，包括我自己，这只是为了获得一个完美的结果，别无他意。若碳酸氢盐含量较高（超过400mg/L），添加石膏会产生异味，因此你也许要考虑，采用简单的过滤水、矿泉水或蒸馏水来稀释你的水。最后万不得已，你可以预先煮沸水，使碳酸氢盐作为白灰沉淀，但是这是小题大做。应当首先尝试上面的两个建议。

如果你已获得软水，并要酿造一款深色啤酒（例如世涛和波特），在投料之前，加入半勺石膏即可。

钙离子

处理须知：如果含量低于50mg/L就要处理。

尽管钙离子在一定程度上决定了水硬度，钙离子也是几种糖化酶正常发挥作用的必需物质，它是一种酵母营养素，最终有助于啤酒的澄清和稳定性。

处理

钙离子含量不可能会太高。如果它们较低，添加半勺石膏。对于大多数人来说，即使添加一点石膏也从来不是坏主意。

需要考虑的其他离子

钠离子能为啤酒增加盐度。含量较低时，能使啤酒口感丰满，并有助于啤酒的风味。一旦能察觉出来，就有一点怪异，感觉就像喝海水一样。如果仅仅想看看会发生什么，千万不要向你的啤酒中添加一品脱盐，你一定会失望。如果你决定要添加，添加一点点，就好了。

硫酸根离子能增加啤酒的干爽性，可以突出酒花的特点。酿造富含酒花香的淡色啤酒时，糖化结束后可以添加半勺石膏，即使你的水不需要处理。

镁离子是一种必需的酵母营养素。其含量应该保持在10~30mg/L范围之内。如果镁离子含量较低，可以尝试在啤酒中添加少量的硫酸镁；如果镁离子含量较高，可以用蒸馏水稀释一下。或者先尝试酿造看看结果如何，因为我没有用过镁离子含量高的水酿造过啤酒。

较低的氯离子含量能增强啤酒口感，但其含量高于300mg/L时，能带来一种粗糙的、类似磷酸三钙（一种清洗伤口的温和消毒剂）的药味。在糖化和发酵过程中，氯离子能参与反应形成氯酚质。如果你的水用氯胺处理过，也会出现同样的问题。最简单的方法是使用偏重亚硫酸钾（你可以从家酿商店里买到）进行处理。在投料之前，添加少量的偏重亚硫酸钾等待几分钟，让其发生反应。

无菌水

水质报告中会显示，供应水中会有少量的细菌（例如大肠杆菌），这项信息是有用的。如果水质报告中这些细菌的数量是0或者都是一位数，你便知道该水是相当无菌的，甚至比沸水更无菌。

要污染一种啤酒，需要相当多剂量的病原体。如果你的自来水包含少量的病原体，受污染的可能性是可以忽略的。不用担心稀释会增加病原体的数量。用自来水来活化酵母也可以，只要先给你的自来水消毒，用其培养酵母也没有问题。

酵母

在前三章的说明中，我们已经讨论过酵母，不同的酵母菌株有不同的特性。如果你想要坚持下去，这是能让你更进一步的入门书籍。但是我恳求你要深入研究酵母，它真的非常有趣。

然而，酵母是你可以写一本书的东西。事实上，关于这一话题，已经有几本书出版了。克里斯·怀特和贾米尔·赞那谢菲撰写的《酵母：啤酒发酵操作指南》，便是一本不错的学习书。

我重申：发酵是酿造过程最重要的一个阶段，发酵过程将会决定啤酒质量的好坏。重要的是，一个好的发酵过程需要良好的卫生规范，然后需要了解清楚你的酵母。因为你需要有足够的酵母，你也需要有正确的酵母！

了解你的酵母

酿酒酵母，是一种单细胞真菌。它的工作，简单地说就是将糖类转化为酒精，该过程的副产物还包括二氧化碳（使啤酒有气泡）和各种风味化合物。

就像大多数生物一样，酵母一生的目标就是吃和繁殖。啤酒酵母是兼性厌氧菌，这意味着它在有氧或者无氧的情况都可以生存。当有氧气存在时，酵母生长更迅速。

氧气对于酵母由脂肪酸合成新的细胞膜以及合成使酵母能吸收麦芽糖的分子是必需的。在啤酒的发酵阶段被吸收的糖类中麦芽糖占大多数。

正因如此，当你想要酵母生长的时候，应当给它供氧。在实际生产中，当你制备发酵剂时（参见酿酒日一章第一步：准备酵母），你需要确定它通风良好。对于酿造者来说，最简单的方法是定时大力晃动你的发酵剂。真正的酿酒师极客，会使用磁力搅拌，不断地将氧气充入发酵剂中，酵母细胞数将大量增加。

需要考虑的另一个因素是温度。酵母在37℃或者人正常体温时生长，在较高温度时，要注意它们会自溶，并产生异味。另外，你应当尝试保持你的酵母在室温或者18~21℃发酵，一定要谨慎控制。酵母在发酵时会产生热量，因此，在较活跃的发酵期间，发酵温度会比周围温度高几度。

只有有足够的营养素，酵母才会生长。值得庆幸的是，你不用到附近的家酿商店购买酵母营养素。麦汁包含大量的酵母快速生殖需要的营养素，如氨基酸、脂肪酸和维生素。在某种程度上，这就是为什么不能仅仅用糖溶液去培养酵母的原因。

保持良好的发酵

弄清楚良好的酵母生长和良好的发酵过程之间的差异是十分重要的。当你想要获得大量酵母的时候，就需要大量的氧气。然而，当要酿造啤酒的时候，我们需要一个良好的发酵过程。在开始阶段，我们需要一个良好的通风环境，氧气会促进酵母数量的增长和养料的吸收。但是当发酵过程开始的时候，添加更多的氧气会导致你的啤酒有氧化的风险。

在发酵的前两天，如果你时常使正在发酵的啤酒飞溅，你将会得到无数的健康酵母。但是你的啤酒过不了多久就会转化为棕色，闻起来有发霉、湿纸板的味道。

酵母如何生长

了解酵母的一种较好方法是观察它如何生长，你不必为了酿造好啤酒总是把它记在心里。然而，一个精酿师可能会选择利用这些信息优化酵母的生长，下面是酵母生长的五个步骤。

酵母是从迟滞期（1）开始的。此时酵母正在适应新的环境，它将吸收氧气和合成相应的酶，你不会观察到任何活动的迹象，这将会持续几个小时。这一阶段时间的长短取决于酵母的健康程度和接种之前的状况。如果你只是直接向大量的高浓度麦汁中撒一些时间久的干酵母，将会有较长的停滞阶段。大量的、健康的酵母接种到低浓度的麦汁中将会有一个很短的迟滞期。

接下来是加速生长期（2），这时候你的酵母开始生长和分裂。然后是对数生长期（3），这是你真正注意到开始启动发酵的时候，这时，酵母数每两小时就会翻倍，超过三代之后，你将会发现发酵结束时酵母的数量是初期酵母数的8倍之多，此时你能看到有酵母块形成。

酵母生长也伴随着副产物的生成，这会影响到啤酒风味，这也是为什么我们要在初期24小时内保持低温发酵的原因，这是酵母的快速生长阶段，对啤酒的风味有着最大的影响。如果这一阶段温度过高，酵母会产生大量的异味，包括不受欢迎的酯味、乙醛味（绿苹果味）和不想要的高级醇味（辣味、涩味、指甲油去除剂味）。

根据酵母迟滞期的不同，12小时或者更长时间后，酵母生长会变得缓慢，进入减速生长期（4）。现在，氧气已经被耗尽，有明显的二氧化碳产生，酵母通过它们的能力转化了所有的糖类，此时生长的减弱不代表发酵过程的减慢，事实上，发酵过程继续进行。接下来，酵母会持续发酵，直到达到稳定期（5），这时候酵母无法获得营养素用于生长，酵母不再悬浮。

重要的酵母术语

絮凝

絮凝是在发酵完成后，酵母粘在一起，沉降到发酵罐的底部。大量絮凝被认为是酵母菌株的良好特性，因为这会促使啤酒澄清。然而，如果酵母絮凝太早，会导致啤酒发甜、发酵度低（见下文）。

野生酵母，例如那些可以污染啤酒的菌株，只有在非常低的温度下才会絮凝。因此，当用于发酵的酵母菌株已经沉到底部时，野生酵母仍留在发酵液中，行动自如。

发酵度

发酵度是指啤酒中的糖类被酵母代谢的程度。影响发酵度的最重要因素是温度和酵母菌株。举个例子，如果啤酒发酵温度太低，酵母会絮凝得太早，导致酒体较甜、浑浊度较高，这是较低发酵度的啤酒。

我们希望啤酒淡爽时，例如节日啤酒或者双料IPA，需要发酵度较高。为了达到这些目标，我们是用发酵度比较高的酵母菌株，例如加利福尼亚爱尔酵母。

每种酵母菌株的发酵度范围都是可知的，你可以利用这个指标来确定你的啤酒是否发酵完全。举个例子，怀特实验室的WLP001有着令人期待的73%~80%的发酵度，这意味着73%~80%的糖类都可以被代谢，并通过浓度的下降来测定。

使用你的酿造软件或者APP计算发酵度也是很容易的。你也可以用下面的公式来计算出你的啤酒发酵度。通过参考这个公式，可以选择期望发酵度范围的啤酒酵母。

发酵度/%=[（原麦汁浓度−发酵结束最终浓度）/（原麦汁浓度−1）]×100

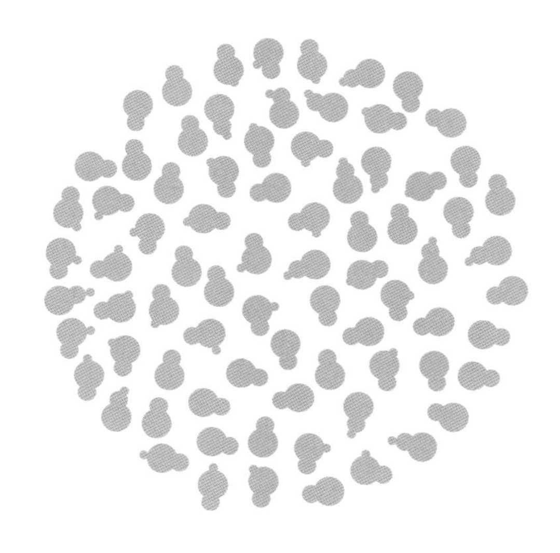

充足的酵母

可购买到的酵母主要有两种形式：干酵母和液体酵母。

干酵母通常每小包11g，等同于2000亿个细胞。你可以直接将干酵母撒到冷却的麦汁中，但是这样可能是不明智的。改变环境可能会刺激到酵母，导致迟滞期较长和大量细胞死亡。为了防止出现这些问题，在接种之前需要用水活化干酵母。

干酵母数量会随着保存时间而下降，但是非常缓慢。如果你在冰箱里保存一包干酵母，几年后仍可以使用。

液体酵母一般装在小瓶或者小包中，装瓶时通常有1000亿个细胞。其缺点是，当保存于冰箱时，每个月会有超过20%的细胞死亡，其有效保质期为2~3个月。

液体酵母小瓶中的酵母数并不足以发酵一批标准规模的啤酒，你需要几瓶或者用一瓶制备发酵剂。发酵剂是采用干麦芽提取物（DME）制备少量麦汁，再用液体酵母去发酵，以促进酵母增殖，使你有足够去发酵啤酒的酵母。

不能使用袋装干酵母来制备发酵剂。干酵母颗粒不仅仅包含酵母，也包含在最初发酵期间酵母需要的酶和营养素。如果将其制备发酵剂，它们会消耗掉这些酶和营养素，在发酵大批量啤酒时就无法利用了。如果你尝试用这种方法制备发酵剂，你实际得到的酵母数比起初还要少。

拥有足够的酵母是十分重要的。你添加到啤酒中的酵母细胞数称为接种率，它通常指每毫升的细胞数。你需要的酵母多少取决于你的酵母需要分解多少糖类，即你的啤酒有多么浓。对于一款柔和的啤酒来说，接种率在600万个/mL；对于一款烈性啤酒而言，接种率则要到达2000万个/mL。

实际上，我们需要知道需要添加多少包或多少瓶啤酒酵母。值得庆幸的是，我们可以用计算器计算，而通过手工计算是不切实际的。我推荐网址yeastcalc.co，或者在网上搜索一个酵母计数器，或者使用具有这种功能的酿造软件。

一旦计算出你所需要的酵母数，你便有了数字，你不必恰好达到那个数字，你通常总是过多接种或者少接种的。

酵母生命法则：如果你没有接种足够的酵母，带来的问题比接种过多更麻烦。

添加太少的酵母，在发酵过程的开始几天酵母会快速生长，这样会产生大量的异味物质。然后，尽管生长，酵母总数依然很低。你的酵母会受到抑制，疲于应付，致使发酵迟缓，最终导致酵母迅速絮凝和发酵度低下。

总之，较低的接种率会使你的啤酒闻起来有种指甲油味，品尝起来有种甜味，令人心烦意乱，并且很容易被污染。酵母在防止啤酒污染方面扮演着重要角色，它通过与其他的生物竞争获得营养素。如果酵母过了几天还没有正常地生长，这是由于它们生长不足，会有很多时间让其他微生物横行，而完全毁掉啤酒。

接种太多的酵母会使迟滞期较短，导致产生的风味物质较少，因此啤酒风味非常单一。之后你的啤酒将会有个强烈的发酵过程，发酵度非常高，啤酒口味干爽。如果你品尝酒体，你会发现你的啤酒风味有点淡薄，口味有点强烈。

合适的酵母

你可以用任何一种酵母完成一个健康的发酵过程，但是使用错误的酵母进行健康的发酵会酿成一款奇怪的啤酒。你的酵母选择取决于你想要酿造的啤酒类型。在我的配方中，我建议用具体的菌株或品牌，但是范围总

是不断变化的，因为你可能想要尝试一些与众不同的产品。下面是一些不太准确的分类和一些好的案例。

美国爱尔酵母

美国爱尔酵母有较低的絮凝度和较高的发酵度，可以赋予啤酒较干爽、澄清透明和新鲜的风味。它们能补充酒花的特性，与其他菌株相比，这一特点尤为明显。

我强烈建议美国啤酒使用奇科爱尔酵母，该酵母也可用于其他需要耐高酒精度的酵母的啤酒。关于其他产品，众所周知有一款加利福尼亚爱尔酵母，你可以购买到它的液体包装形式（例如怀特实验室的WLP001或者W酵母1065）。还可以选择Safale US-05作为替代，而Mangrove Jacks 美国西海岸M44则具有更多的水果味，而且风味纯正、沉降快速。

英国爱尔酵母

英国酵母有较强的絮凝能力和较低的发酵度，可以使啤酒口味清爽、残糖较多，突出麦芽的特色。当完成发酵时，它们就像石头一样沉到罐体底部，能吸附少量酒花，使啤酒苦味值较低。

Safale S-04酵母是一款很好的较低发酵度的干酵母，WLP002是一款来自于怀特实验室的较好液体酵母。如果你想酿造一款干爽的啤酒，但是不介意少些特色，你可以尝试下Danstar Nottingham酵母。

WLP007是一款完美的酵母，特点突出，高度絮凝，发酵度较高，耐酒精性能良好。如果我想永远用一种酵母，肯定是这一款。对于所有的美国或者英国风格的啤酒，它是完美的，目前可以得到而且与其非常相似的干酵母是Mangrove Jacks m07。

比利时爱尔酵母

比利时爱尔酵母有一种水果味、酯香味的特征。它们能使啤酒呈现出一种“辛香味”，它们有较低的絮凝能力和极好的发酵度。如果使用正确，会酿造出一款非常干爽的啤酒；如果错误使用，啤酒会有一种香蕉的风味。

在发酵刚开始的几天，要保持在较低的温度，这能限制酵母的生长率和异味的产生。两天或者三天后，让它们自由发酵，将会给你带来神奇的发酵度。通过迅速发酵，其发酵旺盛的状态会超越你的想象。

你会注意到，液体比利时酵母有更好的选择。Safbrew Abbaye、Mangrove Jack M27和Safale T-58是本书中一些干酵母的例子。通过使用液体酵母，你可以明确菌株的来源，因此可以更容易地复制不同啤酒品种和啤酒类型。

怀特实验室的WLP500（即酿造智美的Wyeast 1214）和WLP530（即酿造西麦尔的Wyeast 3787）都是用于酿造特拉配斯特（Trappist）修道院爱尔啤酒的杰出比利时酵母。对于烈性金色爱尔，杜威（Duvel）采用的是WLP570；对于一款完美的赛松啤酒，WLP565是很好的选择。

小麦啤酒酵母

小麦啤酒酵母是絮凝度较低的酵母，能赋予啤酒浑浊的外观，能产生特殊的酯香味。如果接种合适，它们能产生平衡的香蕉香味和丁香花味；如果接种量过大，你将获得更浓的香蕉风味；建议接种量略低，以带来较多的丁香花味。可使用的干酵母有Safbrew WB06和Mangrove Jacks M20；对于液体酵母，可以选择WLP300（Wyeast 3068），这是一种来自于慕尼黑工业大学的小麦酵母，可以带来令人信服的啤酒口味。

杂交酵母

杂交酵母包括加利福尼亚普通酵母、科隆（Kölsch）啤酒酵母和老啤酒（Altbier）酵母，这些高发酵度、低絮凝度的爱尔酵母在普通的爱尔啤酒发酵温度下，能带来类似拉格的风味。在我写作的时候还没有这种风格的干酵母存在。因此，你如果不想用液体酵母，现在开始制作干酵母。怀特实验室和W酵母都研发了各种风格的特种酵母，尝试在较低的温度下发酵。

拉格酵母

拉格酵母是一款完全不同的酵母，在12℃以上，大多数会产生相当不愉快的口味。除非你有一个发酵室，或者其他的自动温度控制方法，不过这是小题大做。还是使用杂交酵母吧。

野生酵母和细菌

现在可以购买的野生酵母和细菌的范围在不断扩大，以仿制来自全世界的酸味啤酒和时髦啤酒。比较方便的是，它们就是造成啤酒污染的微生物。所以如果你足够勇敢，你可以自己培养它。这也意味着，我将在本部分介绍它们。

酒香酵母

我喜欢酒香酵母，它是我的伙伴。大多数酿酒师持谨慎的态度，但是我忍不住被它的水果麝香味诱惑。

酒香酵母有搞砸啤酒的坏名声。与酿酒酵母相比，它生长得很慢，并且不能很好地絮凝。酿酒师的酵母完成它的使命之后，许多种酒香酵母能够分解剩下的各种能量来源，包括乳糖、长链的糖类（如糊精），甚至淀粉。它极其强壮，能够抵抗绝大多数清洗剂。因此，它会导致啤酒外观浑浊、口味淡薄，甚至使啤酒瓶爆炸。由于它需要较长时间才可以显现，在你注意到之前，那些瓶装产品可能已经通过检验。

事实上，酒香酵母的风味并不太坏，它只是会妨碍啤酒的其他特性。它会毁坏或者保护酒花特性，或者消耗掉风味物质而使啤酒风味变模糊；它可以产生乙酸，给啤酒带来酸味。然而，酒香酵母可以产生令人震惊的复杂风味。我认为，酒香酵母塞松啤酒（与其同类产品相比）恰到好处。如果将啤酒陈贮于直接从蒸馏酒厂得到的橡木桶中（没有中间环节），酒香酵母就会浸入橡木中，使啤酒口感会更好。

许多酿酒师都有考虑的问题是，他们认为，一旦在他们的啤酒厂中使用酒香酵母，它便会永远影响他们的啤酒。其实他们错了，经过专业的清洗和消毒程序，每一个酒香酵母细胞都是可以被除去的。

片球菌

片球菌是一种产酸细菌，能带来一种特有的酸味。你可以猜到，我也喜欢这种细菌。用细菌污染啤酒是很困难的，所以你确实需要忘掉某些东西，或者加入什么东西让啤酒污染。因此，我所有对啤酒的污染都是蓄意的，主要目的在于重现拉比克啤酒和其他天然发酵啤酒。

片球菌会导致一款啤酒充满陈旧味，这时你会注意到啤酒呈黏稠状。黏液是多糖形成的，它是一般的酵母不能发酵的，因此它会永久存在，常被描述为“啤酒中最可怕的污染”。

但是，如果有酒香酵母呢？酒香酵母正好可以发酵那些黏液，使糟糕的啤酒变得美味。

乳酸菌

另一种细菌，另一个酸味来源，这是制作面包的酸面团起发液中的主要菌类。它能带来一种非常干净的酸味，就像片球菌一样，它也很难污染啤酒，尽管它在发芽的大麦芽中十分普遍。如果你想要精确地创造一款柏林白啤酒（Berliner Weiss，一款用乳酸菌酿造的啤酒），你可以接种少量乳酸菌到你的啤酒中，将会发现有趣的结果。

醋酸菌

或许你不想用上述的任何一种细菌去污染啤酒，尽管我会乐于如此。除了外行的酿酒者，没有一个人希望他的啤酒被醋酸菌污染。醋酸菌产生醋酸，它能把你的啤酒变成醋。

幸运的是，这些污染需要经过很长的时间才可以发生，而且必须是细菌污染，而且啤酒中必须有氧气。除非你经常转移或者晃动啤酒，或者贮存在暴露的地方下，否则啤酒很难污染。醋酸菌的污染是一个指示信号，你需要重新端正对卫生状况的态度，同时把氧气从啤酒中去除。

其他成分

澄清剂

尽管我们是家酿者，我们中的大多数都想酿造一款专业的产品。澄清不会太影响我们啤酒的风味，但更清澈的啤酒也更容易接受。

为了使啤酒更加清澈，你可以添加澄清剂。澄清剂有两大类：一类是在煮沸时添加，另一类是在发酵后添加。

煮沸澄清剂，是从一种称为爱尔兰苔藓的藻类植物中提取的。你可以购买到原始的干燥样本，或者片状产品。Whirlfloc和Protofloc是最常见的品牌。在煮沸结束前15分钟添加，可以去除啤酒中的大部分蛋白质浑浊，蛋白质成团沉降到罐体底部，形成热凝固物。

发酵澄清剂，在发酵之后添加，将会导致更多蛋白质、多酚（例如单宁）和酵母的凝固沉淀。鱼胶是使用最普遍的澄清剂，特别是在桶装啤酒中，它是从鱼漂浮的膀胱中提取的，这也是啤酒不适合素食者食用的原因。它非常有效果，由于它能把酵母聚集成团，导致瓶中发酵停滞。我总是想额外添加酵母，以确信发酵正常进行。

聚乙烯吡咯烷酮可以去除多酚类物质（单宁）。在添加到发酵罐之前，叶明胶与沸水混合，可以移除蛋白质和多酚。酿造拉格啤酒时，我的第一选择是在主发酵结束时添加澄清剂。在添加澄清剂之前，要确定发酵和后贮已经完成。然后，在装瓶之前，要等2~3天，以使啤酒澄清。

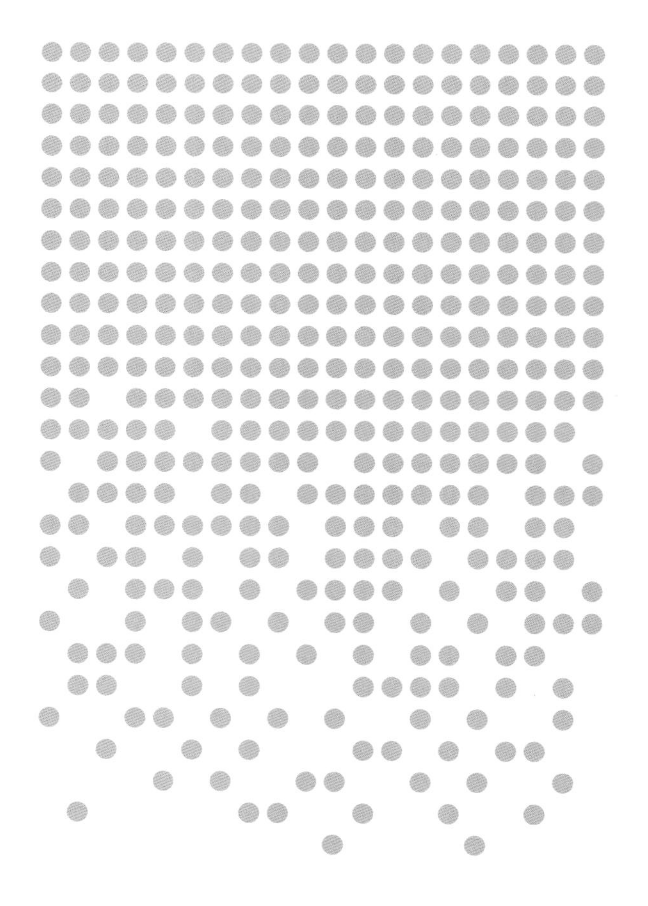

酿酒日

这里我要开始严肃起来，我要讲述酿造的全部过程，从开始到结束，这是本书最重要的一章。如果你忽略了其他东西，不能忽略这一个。在以后的每个章节里的每个配方都要遵循这些步骤。读它，再读它，然后出去喝一杯啤酒。回来，再继续读。

这不仅仅是一步一步的指导，我也会去解释你做的每一步是为什么，和我经常陷入的、多次避免的陷阱。我将尝试强调关键步骤，这些都是不能错过的，错过了就会有错误发生。酿造啤酒要花费一点精力和一点时间，确保每一分钟都没有虚度。

第一步：准备酵母

你实际要做的：

- 计算出你用多少酵母
- 注意卫生
- 如果使用干酵母，确定足够的量并用水进行活化
- 如果使用液体酵母，至少提前2天制作发酵剂
- 如果用酵母泥中重新接种酵母，确保有足够的健康酵母

选择1 使用干酵母

干酵母是很好的，你也许会遭受只使用液体酵母人的歧视，不过，用干酵母酿造的啤酒和他们酿造的也可以一样好。

1. 计算出你需要多少酵母。用在线酵母计算器（例如yeastcalc.co）或者你的啤酒软件，计算出你需要多少。

假设每包11g的酵母有将近2000亿个活性细胞。一旦你计算出你的啤酒需要多少个酵母细胞，四舍五入它们到接近差不多1000亿个细胞，然后除以2000亿个细胞，你就能快速计算出所需要多少酵母，差不多半包左右。

举个例子，如果你想酿造起始密度是1.060的23L啤酒，你需要差不多2550亿个酵母细胞，以达到你想要的发酵度和一个彻底的发酵过程。四舍五入，就是3000亿细胞。因此，你的啤酒需要用一包半干酵母。

2. 准备一个消毒的小瓶，例如一个广口瓶或者一个玻璃瓶。煮沸一些水，在消毒的瓶子中装半杯左右。盖上消毒后的保鲜膜，冷却到30℃。在准备糖化用水时，可以完成这些内容。或者，如果你确定供水无菌，使用来自消毒水龙头的自来水，加沸水直到水温到30℃。

3. 对干酵母袋子进行消毒，迅速用剪子或者小刀打开包装，将你所需要的酵母加入温水中，使用你的消毒温度计搅拌，直到大部分酵母团混合在一起。

4. 重新消毒保鲜膜并替换它，使你的酵母在使用之前（放到某个地方，不要扰动）活化至少30分钟到几个小时。当酿酒日结束，便是接种的时间，要把所有的液体加进去。

选择2 使用液体酵母

如果你使用液体酵母，首先你要确定你有足够多的酵母小瓶（价格昂贵），或者在开始酿造的至少前两天，开始准备发酵剂。

1. 包装时，液体酵母小瓶含有1000亿个左右的酵母细胞，但是随着时间的延长会迅速减少。输入包装上的生产日期，使用在线酵母计数器（yeastcalc.co）或者酿造软件计算出包装袋中的酵母细胞数。然后，输入啤酒密度和啤酒体积，用相同的工具就可以计算出所需要的酵母数量。

2. 使用计算工具或者下页的表，计算出你所需要的发酵剂数量。你需要一直估算细胞下降的数量，总体而言，过量接种酵母比少接酵母效果要好。

液体酵母生产时期如果太久，酵母数下降幅度很大。如果通过制备发酵剂，仍然不能达到计划的酵母数，可以使用多个液体酵母小瓶制备发酵剂，或利用第一批发酵剂再制备另一批发酵剂。

3. 把酵母小瓶拿出冰箱，用消毒剂对其进行全面消毒。拧开下盖子，释放一些气体，然后再稍微拧上盖子，但不要全部密封。然后，使瓶子的温度达到室温。

4. 制备发酵剂。将100g浅色干麦芽提取物与1L水混合，然后将这些混合物倒入煮锅中，中火加热（一定要小心，因为干麦芽提取物容易起泡沫，当达到沸点

时，容易溢锅）。一旦沸腾，将锅从热源上移除，盖上盖子。用保鲜膜紧紧地密封上盖子，以便其中的热液体被完全密封。

5. 将密封的锅放入水槽，用冷水充满水槽，使温度均衡——水槽里的水温将升高，同时锅内温度将降低。经常排水、换水即可。你也可以往水槽里的水添加冰块，搅动水，以加速降温。为了减少冷却时间，如果你确信自来水无菌，你可以用一半水煮沸干麦芽提取物，然后加入来自消毒水龙头的冷自来水。

不断摇动起发液，使酵母得到氧气并保持在溶液中。晃动得越频繁，得到的酵母数越多。每次经过的时候至少要晃动一次，最好每小时晃一次，不用担心过夜。

9. 当开始出现气泡时，晃动的时候，发酵剂就开始出现泡沫，这标志着酵母进入迟滞期之后的过渡阶段，此后的24小时，酵母数将达到峰值。然后，将你的发酵剂放在冰箱中，静置，不要触摸它，完全静置至少24小时，这样酵母会絮凝到容器底部。现在你可以小心地将上清液倒出，只留下在底部的酵母。

发酵剂用量	900亿（11天）	750亿（1个月）	500亿（2个月）	250亿（3.5个月）	100亿（4个月）
1L/夸脱	188	129	84	84	49
2L/夸脱	216	168	111	111	66
3L/夸脱	253	197	131	131	71
4L/夸脱	283	222	147	147	71
5L/夸脱	309	243	174	174	71

注：1英夸脱＝1.13652L，文中将升与夸脱约同。

6. 一旦摸着锅有点凉的时候，移除保鲜膜，使用消毒的温度计检查温度是否在15~25℃。如果温度还没有达到该温度，换上新保鲜膜，密封，然后放入装满冷水的水槽。如果自来水温度比较高的话，需要使用冰块降温。

7. 将合适容量的容器清洗并消毒，以盛放发酵剂，我喜欢使用锥形瓶，但是5L的矿泉水瓶或者5L的坛子也是很理想的。使用一个干净的、消毒漏斗将麦汁从煮锅中转移到容器中。重新消毒开口的液体酵母小瓶或者酵母袋，从容器顶部倒入。将保鲜膜消毒，置于顶部。

8. 现在是时候让发酵剂开始发酵了。啤酒酵母的生长速度是相当快的，在室温下24~48小时就发酵很好了。为了促进其最快生长，达到期待的酵母数，需要

记住：总是在酿造当天开始时将酵母拿出冰箱，以达到室温，及时接种。

选择3 利用酵母泥接种

发酵剂通常只能生产一小批啤酒。因此，如果酿造一大批啤酒，需要制备大量的发酵剂。

当你将啤酒转到二次发酵罐或者灌装桶的时候，通常会剩下难看的残渣，其中包含了健康的酵母。可以使用酵母计数器，输入啤酒的初始密度、容量以及接种的酵母数量，大体计算出有多少酵母在里面。需要注意的是，如果啤酒初始密度较高，酵母将经历高渗透压发酵，这可能是不健康的。使用来自高浓度啤酒的酵母进行发酵，是冒险之举。

可以将酵母泥贮存在一个较大的、消毒容器中，比如2~3L的饮料瓶。不要接种全部酵母泥，也不能把啤酒直接转到酵母泥中，这样会导致接种过度。酵母泥不仅占据了大部分空间，加入新啤酒后，还会产生更多的酵母泥。如果你想分离酵母，以易于贮藏和重新接种，可以在发酵结束后清洗酵母。需要注意的是，清洗酵母对高度絮凝的品种并不是很好，例如英国爱尔酵母。

1. 需要盛酵母的发酵罐和另一个空容器，例如5L的坛子，或者5L的水瓶。

2. 给水龙头消毒1分钟，添加5L的冷水到发酵罐中。如果你怀疑提供的水有污染，可以在锅中煮沸，然后再冷却，就像制备发酵剂一样操作。搅拌酵母泥和水，使其混合在一起，静置20~30分钟。

3. 废酵母泥会呈现褐色，你需要的酵母应该呈奶白色。酵母清洗之后，会出现截然不同的两层，一层是接近固体的棕色（凝固物），另一层是松散的、液体的一层（酵母，含有少量啤酒）。将该液体倾倒或者虹吸到你准备好的干净的、消毒的贮存容器内。

4. 在倒出多余的啤酒之前，在冰箱内冷却该容器至少24小时，这时会留下乳白色的、集中在一层的健康酵母，可以准备接种到另一种啤酒中。这种酵母的生存能力比来自于小瓶的液体酵母稍逊一点点，正因如此，如果放置很长时间而不使用，那么就需要再制备发酵剂。

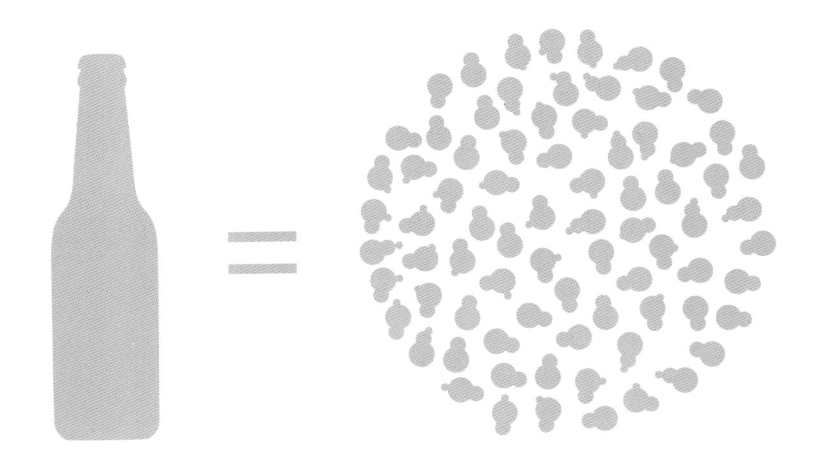

Yeast

SALTER

Abbey Ale
Yeast

SALTER
200

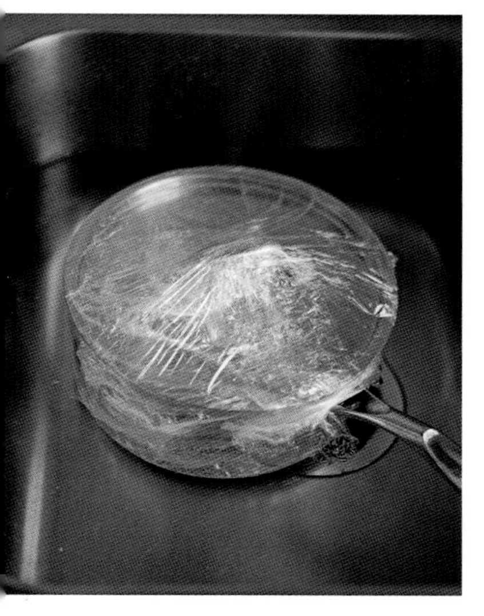

制备酵母起发液

1	4	7	10	13
2	5	8	11	14
3	6	9	12	15

1 对液体酵母小瓶进行消毒灭菌，旋松瓶盖
2 放置液体酵母小瓶，直至达到室温
3 对盛酵母液的容器进行消毒灭菌
4 摇晃该容器，内表面全部覆盖消毒液
5 消毒覆盖膜和盖子
6 称取干麦芽粉提取物
7 向干麦芽粉提取物中加热水
8 将麦芽粉和热水的混合物放置于平底锅内，加热煮沸
9 换盖子，用薄膜紧紧缠绕平底锅
10 将上述平底锅放置于盛有冷水的水槽中，进行冷却
11 借助消毒漏斗，将冷却后的麦汁倒入消毒容器
12 如果瓶内麦汁数量少，可以加入来自无菌水龙头的自来水
13 加入液体酵母
14 摇晃盛有麦汁的容器，给麦汁充氧
15 让发酵剂开始发酵

第二步：
糖化水加热和处理

你实际上需要做的是：

· 根据配方，确定你需要用多少水
· 如果有混合热水器，使用热自来水
· 打开热源
· 对水进行处理
· 等待水温达到所需要的温度

就像在前面章节提到的那样，水是一种十分重要的原料，考虑一下是否需要进行水处理。

如果还没有获得水质报告，也不太介意其口味，可以使用未处理的水，但要冒风险。尽管，一般来说，大多数水添加至少一点石膏是很有用的。如果有水质报告，可以依据我的详细建议进行水处理。

你需要知道酿造你的啤酒需要用多少水。如果你采用我的配方，我能告诉你确切的水数量。如果你自创配方或者使用别人的配方，那就需要考虑所有要添加的水和从啤酒中移除的水。显然，在开始的时候，你需要添加大量的水。然后，洗糟时再加较多的洗糟水。在煮沸时，水的体积通常以蒸汽的形式损失10%~20%。

如果损失了太多的水，啤酒会太浓，可以在煮沸结束的时候稍微添加一点，这称为回加，这是确保达到所需目标浓度的最好方法。如果添加太多的水，唯一的方法就是通过煮沸蒸发去除，这是一个缓慢的过程，能使啤酒变得格外苦，而且酿造成本也会提高。

一般而言，在糖化期间水和谷物的比值最少应该为2：1。举个例子，如果酿造啤酒需要2kg谷物，那么糖化用水至少为4升。然而，如果可能的话，可以进行稀醪糖化，水料比为4：1或者5：1，这更适合袋式酿造啤酒的方法（BIAB，Brew-in-a-bag）。

根据醪液浓度，需要将投料水温提高至所需要的糖化温度以上。你添加的谷物越多，它们从糖化水中吸收

酿造烈性啤酒：

进行浓醪糖化有几个原因。首要的一个原因是酿造一款非常强烈的啤酒，在较少的水里投入较多谷物意味着有较多的可发酵糖；第二个是迄今为止在酿造领域尚未开发出用容量很小的设备，酿造一大批正常浓度的啤酒的技术。

采用酿造浓烈、苦味啤酒的技术，我很乐意在10L的锅中酿造15~20L的啤酒。浓醪糖化时，水和谷物的比例为2：1，每千克谷物占有2.8L的空间。因此，很容易使用3.5kg的谷物在一个10L的锅里酿造啤酒。据以往经验，酿出的啤酒相对密度为1.036、体积为20L，或者啤酒相对密度为1.048、体积为15L。我所做的是将高浓度麦汁稀释，以达到所需要的体积。

要知道，你选择的醪液浓度会影响最终的啤酒。如果你选择了浓醪糖化，糖化效率将较高，但最终麦汁的发酵力将较低，主要因为浓醪糖化时形成了较多的长链糖类，酿造出的啤酒口味偏甜、酒体丰满。其次，如果进行浓醪糖化，不要用较多的水来洗糟，容易洗糟过分，麦皮中单宁类成分容易浸出，进而导致啤酒中单宁含量较高、稍有涩味。

（对页）
加水

的热量越多，因此需要的糖化用水温度更高。为了获得准确的所需投料水的温度，可以把谷物温度和想要获得的糖化温度输入酿造软件中。

按照配方，确定需要用多少水。如果锅体体积比配方说明中的体积小，确保水和谷物总量的比例至少为2∶1。为了节约时间，如果有热水器的话，使用来自水管的热自来水。如果有热水罐，其中可能充满矿物质沉淀，因此可以使用凉水代替。

打开开关，让水开始加热升温，定时检查。

添加水处理剂——至少加一点石膏。

查阅配方，确定需要的确切温度，要比你期望的醪液温度高一些，这时关掉加热器，准备按如下方式投料。

第三步：糖化

实际上需要做的是：

· 称重，并将谷物混合在一起

· 投料，使谷物和水混合良好

· 检查，并校正温度

· 使谷物转化1小时，并定时检查

糖化过程就是把谷物和水混合在一起，然后将温度保持在64~69℃。通常，该过程需要将近一个小时，以水解谷物，谷物中的某些酶将淀粉分解成糖类。

这涉及一点技术问题，有助于我们了解两种酶，α-淀粉酶和β-淀粉酶，二者大体作用相同，它们将长链淀粉分子分解成糖类。

α-淀粉酶最适作用温度在67~75℃，可以从长链的任何位置分解淀粉分子。例如，它们可以将淀粉分子一分为二或者拆散。事实上，在任何时候大部分酶都作用于一个分子，作用位置并无差别，这导致较多的称为糊精的长链糖类生成，糊精不能发酵，可以使啤酒酒体醇厚，并带有甜味。

β-淀粉酶最活跃的温度是54~65℃，它只能从淀粉分子末端逐次切下糖类。由于淀粉链太长，β-淀粉酶比α-淀粉酶的无差别分解需要花费更长的时间，但几乎切下的糖都是麦芽糖，一种可以发酵的双糖。酿造出的啤酒清亮透明、口感清爽。β-淀粉酶在接近最适温度的上限时作用最好，如果将醪液温度降到64℃以下，则需要花费较长时间去转化。

酿造淡爽酒体的糖化工艺：64~65℃

如果想要啤酒尽可能淡爽，而且有高度的可饮性，应该低温投料。可能你要酿造的大多数啤酒都应该这样糖化。

由于此温度接近β-淀粉酶的独有激活温度，一些酿酒师可能会说，在这个温度下投料糖化效率较差，或者需要延长糖化时间。实际上，新型麦芽包含很多酶，仅仅糖化10分钟之后，就会发现很少有谷物还没有转化。剩下的时间只是等待，等待淀粉从谷物中浸渍出来进入水中，因为β-淀粉酶能持续作用和分解淀粉。

酿造中等酒体的糖化工艺：66~67℃

在这个温度，α-淀粉酶和β-淀粉酶的激活温度比较折中，因此将会有一些糊精形成，这正是一些传统英式啤酒的特点，它们就是得益于一个较丰满的酒体。若糖化温度太低，一些苦啤酒或者棕色爱尔将会缺少这种必需的酒体。

酿造醇厚酒体的糖化工艺：68~69℃

在此温度糖化，有大量的α-淀粉酶参与转化，将会酿造酒体非常丰满的啤酒。采用此工艺，可以酿造甜型啤酒，例如牛奶世涛或老式爱尔，或者如果你有一株高发酵度的酵母菌株，就能酿造一种更平衡、更富有麦芽香的啤酒。

糖化率

在定量的未糖化谷物中都有一定量的淀粉。如果你可以提取最后一点点，并将其转化成糖类，那么糖化率将是100%。然而，大多数糖化并不如此高效。在袋式酿造方式中，我们的目标糖化率在65%~75%。

提高糖化率有一些成本优势。要达到这个效果，最简单的方式是将谷物粉碎得细一些，这会导致更多的淀粉从皮壳中释放出来，并溶解到啤酒中。问题是其释放的东西不仅仅是淀粉进入啤酒中，也包括蛋白质和纤维。这些大部分沉淀下来，沉降到发酵罐的底部，形成凝固物，其中少数物质会引起啤酒的浑浊。最糟糕的是，这些物质有可能会黏附到热源上而导致烧焦，导致啤酒有一种糟糕的烟熏味，烧焦也会降低糖化率。

煮出糖化法

煮出糖化法是德国酿造拉格啤酒的一般糖化方法，该方法曾经扩展到酿造每种啤酒类型，也蔓延到日趋流行的精酿啤酒中。

它包含多个升温阶段。为了改变醪液温度，没有在糖化锅直接加热，也没有添加热水，而是将醪液中的一部分转移到单独的容器中煮沸，然后再泵回来，从而实现升温的目的。

这将会改善麦芽的特性，因为通过煮沸谷物会导致类黑素的形成。这些化合物与烤牛排或烘烤面包产生的风味是一样的，“烘烤”或者“褐变反应”使食物品尝起来非常好。

事实上，尽管制备慕尼黑麦芽时，能形成大量的类黑素，而类黑素麦芽也是慕尼黑麦芽系列。如果你真要饼干风味，加一点点琥珀麦芽即可。

多步糖化法

糖化不总是一步完成的。我们常用方法的专业术语称为单步浸出糖化法——一步休止，即你保持在一个温度很长时间，并只是用预加热水浸渍谷物（没有煮沸过程）。

除淀粉酶之外，多步糖化还能激活其他酶。你可以在40℃投料进行酸休止，此时可以激活植酸酶产生植酸，使醪液呈酸性；提升温度到50℃进行蛋白质休止，以便肽酶和蛋白质酶水解蛋白质，使更多氨基酸溶解到麦汁中，同时也能激活β-葡聚糖酶降解β-葡聚糖，β-葡聚糖能使大量添加小麦、黑麦和燕麦的醪液黏度增高。今天，只要使用超过15%的未发芽的谷物，只需要20分钟左右，就可以完成蛋白质休止。

最后，需要再次升温激活不同的淀粉酶，先升温至60℃，再升温至70℃。因此，许多家酿者采用分步糖化法40℃~50℃~60℃~70℃（并非全部如此），用于酿造传统的或者历史上的经典啤酒，例如拉比克啤酒。

糖化

1. 称取所有不同的谷物，倒入容器

2. 将谷物慢慢倒入煮沸袋中，并不断搅拌

3. 使温度均匀

4. 5分钟后，检查温度是否在我们所需的范围内，用沸水或者冷水调温到合适范围

如何糖化

1. 称取所有的谷物到一个桶中，把它们混合在一起。

2. 将谷物袋放置到你的锅中，在边缘地方固定于合适位置。将干谷物慢慢倒入袋子中，并不断搅拌。

3. 充分搅拌醪液，搅碎不可避免的块状物。盖上盖子，设置时间60分钟（除非另有说明），设定时间间隔为5分钟。

4. 5分钟之后，检查糖化温度是否在目标温度范围内。离目标温度0.5℃左右即可。

5. 如果醪液太热，需要添加6~8块冰块降温，或者添加500mL冷水，然后搅拌均匀，应该能下降一度；如果醪液太凉，可以倒入500mL的沸水加热，应该能上升一度。

6. 如果还不了解你的设备，在15、30和45分钟时，检查糖化温度，如果太凉的话，可以添加热水升温。如果锅体是保温的，也许能静置1小时而温度没有明显的下降。

第四步：麦汁过滤

你需要做的是：

· 升温到75℃，糖化终了

· 保持醪液在75℃ 10分钟

· 将袋子悬挂于麦汁之上

· 用75℃的水洗糟

这时便达到了糖化的最后阶段，实际想转化成糖的所有淀粉都已转化完成。下一步是从液体中移除谷物，留下热的、甜的液体，一般称之为“麦汁”，该过程称为“麦汁过滤”。

1. 糖化终了

第一步是糖化终了，打开热源使谷物温度上升到75℃。这不是为了继续转化，相反，较高的温度增加了麦汁中糖类的溶解。因此，在10分钟内或者保持此温度时，更多的糖类会从谷物中浸出，会获得更高的糖化率。

当打开加热器时，会观察到谷物周围水温上升得很快，但是谷物本身温度上升得很慢。要将谷物温度升到75℃需要花费点时间，这要多注意。如果不想升温太高或者超出规定，就要慢慢升温，时刻检查，就会万无一失。

如果用的是一个小锅，糖化终了时可以把它放在一个铁架上，并加热升温；如果采用的是放有谷物袋的大锅，操作如下：

将袋子悬浮于锅上方，并使用梯子和绳子。

将绳子绕过梯子顶部，把它缠绕在最上层的那一节梯子上，将绳子短的一端系在袋子口上或者用单扣结拉拽。

把绳子拉紧，以便承受谷物袋的重量，然后将它系到一个安全的物体上，以使其离开锅体，防止糖化终了时底部过热。如果采用的是带有加热管的锅，需要使袋子远离加热管，否则袋子会烧焦并破损。

打开热源，将谷物升温到75℃。如果袋子四周麦汁的温度超过80℃，关掉加热，让温度稳定几分钟。然后可以重新测量，如果可能，可以重新打开热源。

让谷物温度稳定于75℃下，保持10分钟。

2. 麦汁回流

当糖化结束，下一步将是传统的麦汁回流，也就是从糖化过滤筛板（在我们的例子中就是袋子）下面的管路泵送麦汁到糖化锅的顶部，流到谷物层，如此一来，未扰动的谷物会形成过滤层，这会使大量浑浊物流到筛板底部，形成麦糟残渣。

使用袋式酿造方法，回流麦汁其实是不必要的。实际上，除了有可能被热源烧焦，回流的废物也不会在任何方面对啤酒产生消极的影响。如果仍然担心这个风险，可以按如下方法回流：

（1）将谷物袋悬挂于麦汁之上，用绳子固定袋子。

（2）使用最大容量的壶，盛满一壶水，将其浇到谷物上，重新回流全部麦汁至少一次。

（3）当注意到回流麦汁明显变清澈的时候就停止。无论如何，都不要倒置和搅拌谷物包，因为这会使残渣落到麦汁中。

（对页）
操作台并不是必须的

3. 洗糟

洗糟，可能是我最喜欢的一个词了。为了提取麦糟中的残糖，需要冲洗谷物，以提升糖化效率。就像回流一样，许多使用袋式酿造的人会省略该步骤。

洗糟是在水温75~80℃下进行的，水温至少要达到糖化终了温度。若洗糟水温高于80℃就会有从谷物皮壳中析出单宁的风险，这将会给啤酒带来不愉快的涩味。同样的道理，如果洗糟水太多，谷物的pH也会提高，也会析出单宁。

也就是说，这与袋式酿造不一样。在袋式酿造过程中，我们只需几升洗糟水，以清洗麦糟，获得更容易溶解的糖类。用了几升洗糟水之后，还需要更多的水和时间去浸提有用的其他物质。

在袋式酿造中，洗糟的一个优势是有助于达到预煮沸的体积，就像配方中描述的一样，也就是煮沸开始时我们想要的体积，一般比计划的批次容积要多10%。如果不计划稀释啤酒的话，就可以进入发酵罐了。

如果有迷你设备，可按下面步骤操作：

（1）提起袋子，让所有多余的麦汁流入锅中。然后，把装满谷物的袋子放置到另一个大容器中，这是另一个锅、桶，甚至一个大碗。

（2）煮开一壶水，用一个测量壶量取2/3沸水加到1/3冷自来水里面。对于10L的批次，添加2L的洗糟水即可，洗糟水要调整到75℃。

（3）倒入洗糟水重新浸泡谷物袋，耐心地（1~10分钟）浸泡谷物袋。

（4）把谷物袋拿出容器，慢慢挤压，不要太用力，否则残渣会进入到啤酒中。现在就可以倾倒麦糟了。将所有麦汁集中到煮沸锅，准备煮沸。

如果有一个较大的设备，提起那个袋子，把它固定在锅体之上是有一点棘手，这也是我建议使用步梯的原因，可按如下步骤操作：

（1）煮沸开水，或者放一大锅水在铁架上煮沸。我们需要5L的75~80℃的洗糟水，使用差不多3/4的沸水与1/4自来水混合。我喜欢在一个量杯中一次准备1L或者2L洗糟水。

（2）将满满一壶水浇到谷物上面，尽可能均匀冲洗谷物，要让水均匀穿过谷物，不要太用力挤压谷物袋。一些人说，没有证据证明，挤压谷物袋会将单宁挤进麦汁中。我并不担心这个问题，只是担心糖化过热（见糖化率），特别是如果已经进行了麦汁回流，不想挤压大量的焦煳物质进入啤酒中吧。

（3）解开绳子上的结，把袋子提升到更高处，使用一个塑料垃圾袋，套在谷物袋周围，可以移动锅，或者让谷物袋慢慢地下降到锅的一边，这样任何多余的液体和谷物都将保存在塑料垃圾袋中。

（4）解开绳结扣，将谷物袋从高处下降到塑料垃圾袋中，抓住谷物袋的底部，提起后将所有谷物倒至垃圾袋中。现在就可以清理谷物袋、扔掉谷物，准备煮沸麦汁了。

麦汁过滤

1. 在步梯上将绳子打结，将谷物袋提升离开锅体

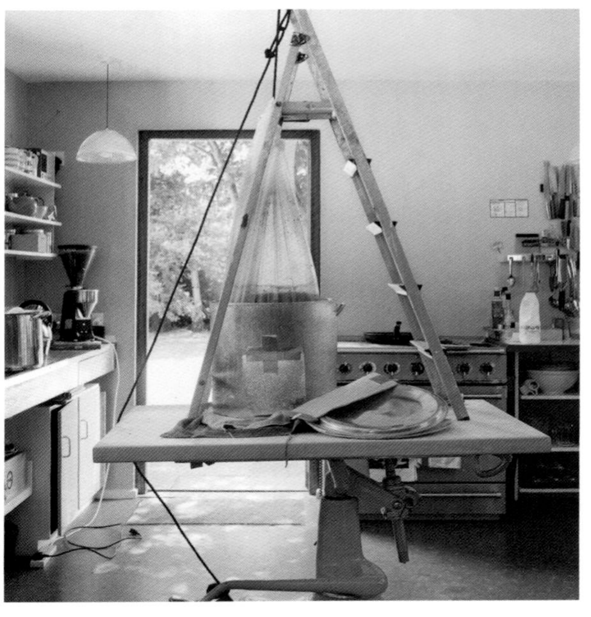

2. 将谷物袋提升至麦汁液面之上，系到梯子顶部，以便麦汁从谷物中流出

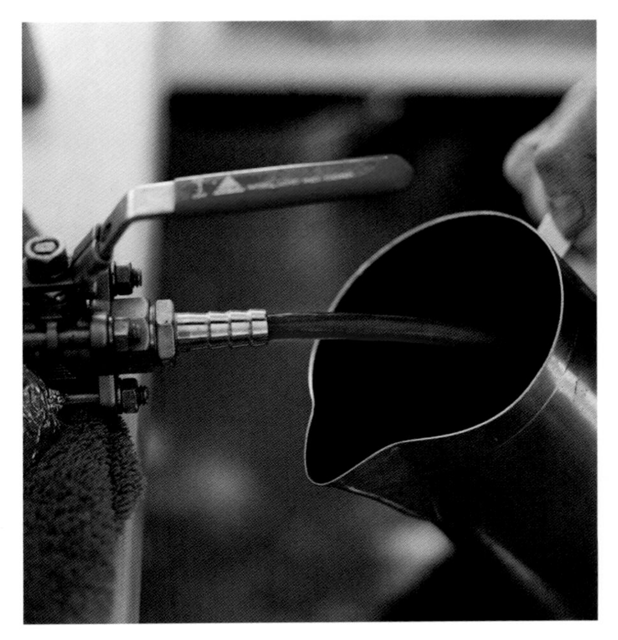

3. 移动盛麦汁的壶，将麦汁回流至谷物袋，直到麦汁变澄清

4. 用热水冲浇谷物袋，进行洗糟

第五步：麦汁煮沸

事实上你需要做的是：

· 取一个密度计
· 将麦汁加入煮沸锅
· 按照配方煮沸麦汁
· 添加酒花，初始添加为了获得苦味，结束添加为了得到香味
· 在煮沸结束前15分钟，装入冷却装置，添加澄清剂

为什么要煮沸这么长时间

固定煮沸60~90分钟，看起来煮沸了很长时间，但是煮沸是啤酒的基本准则。首要的是给啤酒杀菌，要杀死生存在谷物里面的细菌，煮沸是唯一方式。煮沸时间越长，越好。

增加麦香

煮沸会引起焦糖化反应和美拉德反应。前者是糖类的温和焦化，产生类似焦糖的风味；而美拉德反应则是蛋白质和糖类发生反应，引起褐变，以酿造术语来说，就是产生一种丰富的麦芽香，这与烹饪、烘焙时产生的褐变是一样的。

驱除异味

更为重要的是，煮沸能驱除啤酒中一种不受欢迎的挥发性气味物质。我们主要想驱除一种称为二甲基硫（DMS）的风味化合物，DMS闻起来有蔬菜味，更像煮玉米味；它会在糖化时形成，麦汁煮沸时会随着蒸汽逐渐蒸发。正因如此，在煮沸期间，不要盖上盖子，否则这些风味物质会冷凝进入麦汁中，进而进入啤酒中。

应该煮沸规定时间，或者更长。当使用特别的浅色麦芽或拉格麦芽酿造的时候，尤为重要，因为其微妙的风味非常容易受到侵染，而且这些麦芽含有更高含量的DMS前体物质。因此，当酿造拉格啤酒时，我通常煮沸90分钟，而不只60分钟。

促进澄清

煮沸能使酒体更澄清。在煮沸初期，会形成热凝固物，这是蛋白质和单宁反应或者相互作用形成的大分子物质，这就是为什么需要注意麦汁煮沸时的状态，因为剧烈煮沸的力量会引起这些大分子物质聚集在麦汁顶部形成泡沫，造成溢锅。麦汁非常黏稠，很难清理。

但这也意味着，随着煮沸的进行，这些蛋白质块（现在称为热凝固物）就会越来越大，变得不可溶解，沉降到锅体底部，而使酒体更澄清。持续保持煮沸，事实上一些小的蛋白质片段会从热凝固物中分离出来，而导致酒体浑浊，但它能改善啤酒泡沫的持久性。每次酿造都要平衡这两点。

醇厚酒体

煮沸是酿酒爱好者减少啤酒总体积的唯一方法，通过煮沸浓缩，能生产口味更强烈、更甜美和更苦的麦汁。我们再说说酒花。单从风味角度来看，啤酒和酒花并不和谐，但它们之间的关系又是密不可分的。

增添滋味

煮沸对酒花有几个重要的影响。首先能使酒花中的α-酸异构化，异构化的α-酸很苦，而且是可溶解的，因此能溶解到麦汁中，进而进入最终的啤酒中。

酒花中α-酸异构化和在啤酒中溶解的程度，称为酒花利用率，许多因素都会影响酒花利用率。煮沸越剧烈，酒花利用率就越高；如果麦汁过酸，酒花利用率就较低，使用越多的酒花，将获得越低的利用率。当决定

麦汁煮沸

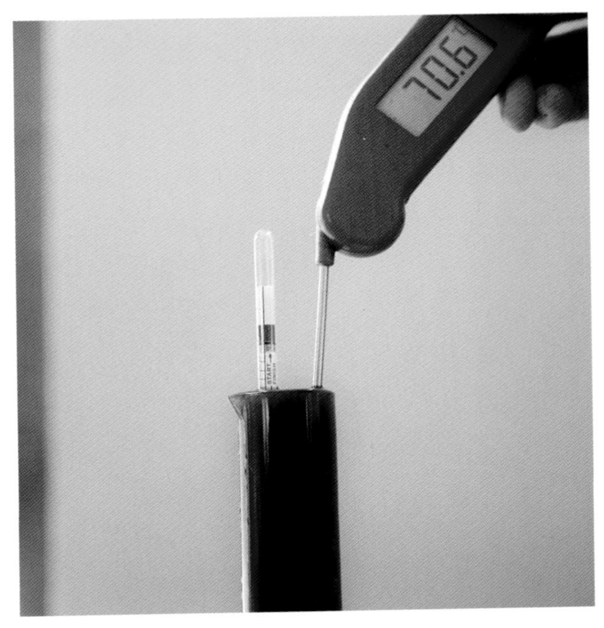

1. 测定煮沸前的密度，考虑高温的影响

2. 开始煮沸

3. 按照配方添加酒花，如果没有过滤器，就使用一个袋子

4. 在煮沸结束前15分钟，放入冷却器，添加澄清剂

配方中要使用多少酒花时，所有这些因素都应当考虑在内。

就像驱除DMS一样，煮沸也会去除酒花风味物质的芳香成分。在煮沸开始阶段，添加酒花对于获得酒花苦味是很好的，但是闻不到强烈的花香或柑橘香。在煮沸结束时，添加酒花更适合酿造酒花香突出的英式和美式啤酒。

如何煮沸?

1. 将麦汁倒进煮沸锅，打开热源，并开到最大。随着麦汁越来越热，要用一只大勺定期搅拌麦汁，防止热凝固物粘到热源上，避免烧焦。

2. 如果有第一麦汁添加酒花（FWH）计划，打开热源之后就可以添加。我的许多配方都在第一麦汁中添加酒花（FWH）。

3. 在麦汁加热的同时，取出一点麦汁，用液体密度计读一下麦汁的密度，这就是煮沸之前的麦汁密度。可以使用酿造软件，计算出糖化率。

4. 时刻检查麦汁温度，当它接近95℃时或者更高时，基本上就达到了沸腾状态。如果麦汁和煮沸锅顶部没有足够空间，需要调低热源，至少要非常认真地看着煮沸锅，此时将有很多泡沫产生。

5. 大约达到100℃时，热凝固物将大量生成，将看到大量的泡沫。目标是剧烈煮沸，应当能看到气泡冲击到麦汁表面，如果没有，就要把热源开到最大，或者将来换一个更大功率的热源；较弱的煮沸，不会有良好的酒花利用率，也不会带来好的沸腾状态，更不能有效地驱除DMS。

6. 在沸腾阶段，添加苦型酒花（如果采用苦型酒花的话），用手机或者酿造软件开始记录煮沸时间，可以作为记录煮沸时长的计时器，但是不要忘记设置下一步酒花添加的时间。

7. 在每个特定的添加时间添加酒花。风味酒花宜在30分钟之后添加，然而酒花添加最好分多次添加，最好在煮沸结束时添加以保留酒花的香味。每次添加完酒花，记得设置下一步的添加时间。如果使用爱尔兰苔藓制成的澄清剂，如Protofloc和Whirlfloc牌，要在煮沸结束前15分钟添加。如果有麦汁冷却器，也要在煮沸结束前15分钟放入正在煮沸的麦汁中，以便进行消毒灭菌。

8. 在煮沸的最后阶段，直接关上热源，尽可能快地冷却是十分重要的。这是静置阶段，有些配方此时也要添加酒花。注意，即使麦汁不再沸腾，每分钟的酒花浸泡，也会使你的啤酒变得更苦，直到麦汁温度降到79℃之下。

记住：

麦汁比重的测定受温度的影响很大。大多数比重计的读数都是在20℃下校正的。为了弥补这些误差，要测定液体比重计量筒中麦汁的温度，在APP或者酿造软件中，要输入比重校正值。

（对页）
用迷你设备酿造的富有酒花香的啤酒

第五步：浸渍

（该步骤是可选的*，适宜酿造美式啤酒或突出酒花香气的啤酒）

你实际需要做的是：

· 将麦汁冷却到大约75~79℃

· 添加香型酒花浸渍

· 浸渍30分钟

*如果希望啤酒富含酒花香，就要做这一步；如果你不想以我所介绍的方式进行，也就不用做这一步，以下是原因。

大量的文献表明，为了获得最多的酒花香味，在煮沸结束熄火的时候就要添加大量的酒花。其实这是不明智的，因为麦汁不需要明显的沸腾就可以带走酒花香味，显然也不需要煮沸就能获得更多的苦味。

α-酸异构化发生在79℃或者以上，温度越高，反应发生得越快。向慢慢冷却的麦汁中添加酒花来增加苦味的做法不好控制，你不知道增加了多少苦味，除非你对酿造流程做了代价昂贵的研究，这是商业化啤酒厂才感兴趣的话题。

在家中，我们可以将麦汁降温到79℃以下，很容易地终止α-酸的异构化，这意味着我们可以想要浸渍多久就浸渍多久，一点不用担心增加任何的α-酸苦味。甚至我们可以盖上盖子，保留每一丝酒花的香气。

总体而言，冷却步骤很容易，只要按照下面的步骤就可以，只要降温到75~79℃即可（如果有高效的冷却器，这只需要几秒钟）。让麦汁在这个温度保持20~30分钟，以使酒花香味浸渍出来，最后进入啤酒中。

如果你已经酿好了一批，并计划用来自于水龙头的冷的、几乎无菌的自来水稀释，此时你可以添加冷的自来水，快速冷却到浸渍温度。

第六步：冷却

你实际需要做的是：

· 将软管连接到冷却器和自来水管

· 打开，冷却到18℃

· 搅拌加速冷却

· 反复测量温度

麦汁要达到添加酵母的最适温度，这是为了达到一个良好的发酵过程。你可以让锅原地不动，让麦汁只通过环境温度逐渐冷却，但是以下几个原因可以说明为什么不要这样做。

首先，快速冷却啤酒有助于防止污染，酵母的存在是啤酒不被污染的原因。当增长到非常大的数目时，它们会分解一些糖类，释放化学物质，抑制其他生物体的生长，这称为竞争抑制。因此，在添加酵母之前应尽量减少麦汁冷却所用的时间。

如果放着麦汁慢慢降温，它将维持在25~35℃很长一段时间。这个温度是野生酵母和细菌最适宜的环境，它们会快速生长，你可能认为麦汁是无菌的，但是没有麦汁是完全无菌的。在这个温度下仅仅几个小时麦汁就会被污染。

迅速冷却麦汁能产生“冷凝固物”，就像“热凝固物”一样，这是随着温度的改变而形成的蛋白质团簇。当快速冷却时，大尺寸的冷凝固物能急剧沉降，特别有麦汁澄清剂（例如爱尔兰苔藓）存在的情况下。

没有快速冷却，冷凝固物也不会形成。如果不快速降温，啤酒可能会浑浊。当冷藏啤酒时，可能会注意到啤酒变得更浑浊，这就是“冷浑浊”，它是由一些较小的蛋白质引起的，当啤酒冷藏时，它们才会沉降。

麦汁冷却

在冷却之前，麦汁一直处于可以杀死任何接触的细菌的温度。一旦开始冷却，必须保证接触麦汁的所有东西都是消毒的。现在，所有的设备都需要清洗干净并消毒。准备好酒精喷壶，还需要一些手套。

对于小批量生产（＜10L）

冷却麦汁的最简单方式是给锅盖上盖子，用保鲜膜密封住盖子和锅之间的缝隙，将锅放在浴盆或者水槽中，然后用自来水管的冷水充满浴盆。为了更快地冷却麦汁，可以添加冰块，反复转动锅体，并定时更换浴盆中的水和冰。

该方案也有不利之处，为了检查温度不得不打开盖子，伸一根消毒的温度计到里面。如果温度下降得不够，就不得不重新盖上盖子。一般来说，在打算检测温度之前，至少要感觉锅体已经不热了。

如果酿造了一批比较浓的麦汁，想要稀释它去酿造比较淡的一款，就没有必要直接冷却到接种温度。由于水浴槽和麦汁之间的温差已变得很小，冷却最后几度需要花费很长的时间。

举个例子，10L的麦汁，相对密度为1.090，要稀释一半制成20L的啤酒，OG值为1.045。在20℃接种酵母，自来水的温度是10℃，这时只需要冷却到30℃，因为10℃自来水会降低一半的温度。如果不确定或者计算并不像上面那样简单，最好低温接种，而不是高温接种。加冷水之后，检查OG值和温度，确定能达到目标值。

（对页）
冷却麦汁

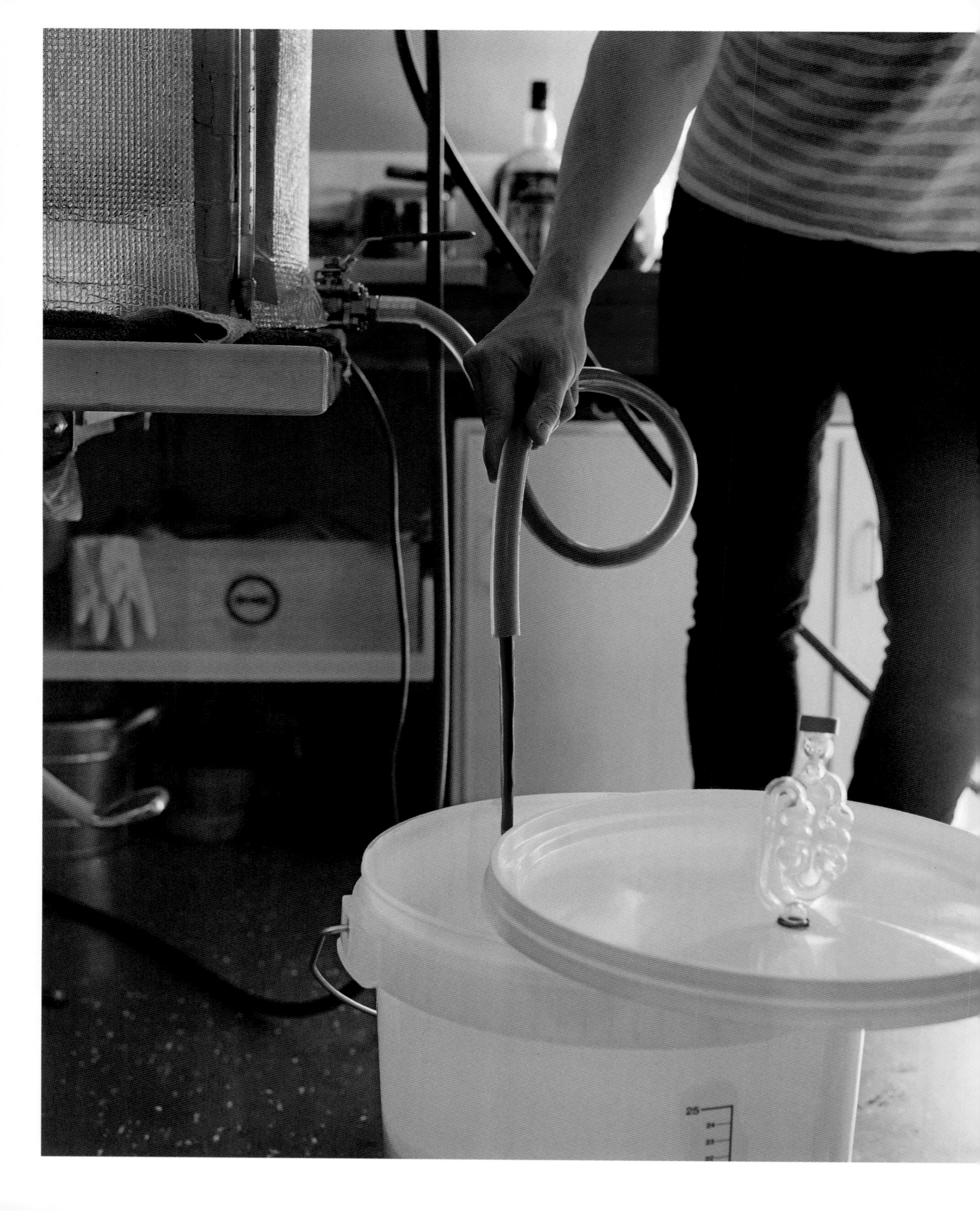

对于大批量生产（>10L）

使用冷却器，有很多冷却器可用，但是建议使用一个铜制浸没式冷却装置，在76~77页可以找到如何制造一个麦汁冷却器的说明。

使用浸没式冷却器，最简单的冷却方式是一端连上供冷水管，从另一端流出。然而，如果真想快速冷却，就应当考虑使用干净的（最好不锈钢）消毒器具搅拌麦汁。当水通过铜盘管时，能快速地冷却接触的麦汁，但其他麦汁的冷却取决于散热。如果搅拌方向与水流经管道的方向相反的话，可以加强冷水和热麦汁之间的相互接触。使用此方法，你可以在几分钟内将20L的麦汁数量降低到接种温度。

不要让麦汁飞溅，这样会引起其污染。不要把未经过消毒的勺子伸进去，检查温度后拿起勺子再放到麦汁中。每一步都必须保持干净。

如果使用冷却装置，要尽快加稀释水，因为冷却器能很快将麦汁冷却到接种温度，不用混合冷水就能冷却到最后的几度，铜传热性能非常好。

如果居住在一个地表水温度较高的热带城市，可能是不幸的，你不得不需要两个铜制浸没式冷却器，还需要通过一个额外的软管将两者连接。一只冷却器浸入到麦汁中，同时另一只冷却器浸在一个盛满冰块的桶中。应当通过冰块将自来水降温，再去冷却啤酒才会更有效。我不是最有资格介绍该方法的人，因为我来自寒冷的苏格兰。

（对页）
转桶

第七步：接种

你实际需要做的是：

· 用龙头将麦汁转到桶中（或倾倒）
· 给冷麦汁充氧气
· 添加酵母，混合均匀

“接种”意思是添加酵母。但是在接种之前，要确保麦汁已为酵母做好准备。这包括以下步骤：

1. 将麦汁冷却到合适的温度

在添加酵母之前，必须将麦汁冷却到一个准确的温度，这取决于配方和酵母菌株。

对于一款标准的爱尔啤酒（你将要酿造的大部分啤酒）这个温度是16~20℃；对于大多数拉格，温度最好在8~10℃。低于此温度，酵母将维持更长的休眠状态，不容易形成高泡期，迟滞期将会增长，会增加啤酒被污染的风险，啤酒发酵也不会很好。

高于此温度，酵母会快速增殖，受胁迫的酵母将产生大量异味。如果没有维持在一个较高的温度，酵母将会过早凝聚，啤酒发酵度将很低。

2. 检查原麦汁浓度（初始比重）

此时，检查原麦汁浓度是十分必要的，这是最后使用无菌水稀释麦汁的机会。如果还没有达到期待的浓度，恐怕现在什么也做不了，可能会最终获得一款比你期待的较淡的啤酒，这就为下次酿造较浓的啤酒上了一课，因为总是还有稀释麦汁的机会。

检查麦汁浓度时，不要将被检测的麦汁重新倒入大批麦汁，因为这会有啤酒污染的风险。最好是喝掉它，与苏格兰威士忌一样好喝。

3. 转桶和给麦汁充氧气

接种之前，需要尽可能地给麦汁充足够的氧气。酵母生长需要氧气，因此，在接种酵母之前要给麦汁充氧。当麦汁还在锅内或者桶内，或者在锅和桶之间时可以进行充氧。

确保水桶、水龙头、盖子和发酵排气阀是可以拆卸的，在开始转桶之前确保它们是干净的、消过毒的。

输送小批量麦汁，最简单的方式是将麦汁直接从小锅中倒入桶中。需要以严谨的行动去完成这些操作，防止从桶上滴下的水滴接触到啤酒。作为预警，也需要对锅的另一端进行清洗和消毒。

对于较大批次的麦汁，如果煮沸锅上有龙头，要对龙头进行全面消毒，并连接一只消过毒的硅胶管，可以直接将另一端插入桶里，最好从一定高度充氧，呈现的气泡越细小越好。

无论哪种方式，将盖子密封到桶上，开始前后晃动它，尽可能碰溅出更多的水花。如果操作者足够强壮，能够提起整个麦汁桶会更好，但不要失手落地，要确保盖子已经盖好。

4. 添加预先准备好的酵母

最后一步是添加预先准备好的酵母。如果制备了发酵剂，应该从冰箱中拿出来，放到室温中。一冷一热的温度改变会刺激到酵母，导致发酵过程不尽如人意。如果你使用干酵母，记住在酿造当天要活化。

摇晃酵母，确保它完全溶解，然后打开盖子，把它倒进去。放上盖子后，记得晃动麦汁桶，以将酵母混合均匀，并充氧气。

你可能认为工作完成了，但是看看周围杂乱的东西，现在必须收拾，不要等到明天早上，更不能等到下一次酿酒的时候再收拾。酿造和清理之间的时间越短，越容易清理干净。所有的设备器具都需要用温和的肥皂水快速清洗。

第八步：发酵

你实际需要做的：

· 把啤酒放在凉爽、阴暗的地方

· 检查和控制温度

· 避免太频繁地检测糖度

· 保持耐心

发酵过程是啤酒酿造中时间最长和最重要的阶段，放置差不多2周左右，其间酵母将麦汁转化成了啤酒。这一阶段实际上与采用酿造盒酿造啤酒是一样的，但你需要弄清楚如何控制发酵过程。这些知识将会使酿造的啤酒质量有很大不同。

获得一个良好的发酵过程

首先，需要接种足够的健康酵母。在本章的第一部分已经介绍了如何达到这个目标。然而，我再次强调，多接种点酵母比少接种酵母更好一点。或许可能得到较少的风味，但是这样会有一个较高发酵度的健康发酵过程。

然后，要给麦汁充足够多的氧气，酵母需要大量地生长，去完美地发酵麦汁。它们需要的氧气达到一定的数量时，就不能只通过晃动来达到酵母增殖所需的氧气含量，还需要通入纯氧。有些人购买了氧气瓶，大多数不需要购买也不应该购买。需要强调的是，给麦汁充氧气的多少决定了啤酒风味的成功与否。

尽管有条件进行温度控制，还是有可能毁坏啤酒或

（对页）
在煮沸锅添加澄清剂对啤酒的影响

者完成一个杰作。如果啤酒发酵温度非常高，酵母将会受到破坏，然后死掉。如果发酵温度太低，酵母就会放弃生长，甚至可能永远不会复苏。

为了使大多数爱尔啤酒获得一个干净的发酵过程，应当保持发酵温度在18~20℃，这是平均室温，比较容易做到，这就是为什么那么多的家酿者酿造爱尔而不是拉格。需要找出家中的一块地方，始终保持这个温度范围，来贮存正在发酵中的啤酒。

如果酵母太冷，唯一的问题会是发酵度较低，这会导致啤酒口味较甜。啤酒可能在瓶内再次发酵，导致爆瓶。

如果温度过高，特别是在发酵早期的生长阶段，会产生高级醇。高级醇闻起来像油漆稀料的味道，甚至使啤酒闻起来有较高的酒精含量（远超其实际值），这是相当糟糕的。如果添加酵母的时候，发酵温度太高，也会产生大量的双乙酰。双乙酰有奶油风味，是所有啤酒风味中我最不喜欢的一种，在富含酒花的淡色啤酒中，它特别引人注意，但并不受人欢迎。

如果酵母不得不适应持续改变的温度，就像白天和黑夜之间，它们就会受到抑制，这会导致异味和低发酵度，因此要尽量把啤酒维持在一个稳定的温度。

随着发酵过程的开始，问题也出现了。酵母发酵的时候会产生热量，产生的热量会使啤酒温度高于周围温度。在一个旺盛的发酵过程中，很容易比室温高出5℃。因此，关键是测定啤酒的温度，而不是室温。

拉格酵母需要较低的温度，在8~12℃，在发酵的最开始阶段，需要严格控制在这个温度范围内，必须有冰箱和大量的冰块才能做到的。在先前的章节中，已经阐述了拉格啤酒。

给啤酒降温

在发酵的前三天（酵母正在生长），维持爱尔酵母在较低温度是特别重要的，通常尽可能在接近18℃接种酵母。如果温度超过20℃，要开始考虑降温；如果温度超过22℃，要迅速采取降温措施。

给啤酒降温，最简单的方式是将毛巾浸在冷水中，然后用湿毛巾把发酵罐包起来，湿毛巾中的冷水不仅可以给啤酒降温，同时水的蒸发也是一种吸热反应，它也从周围的环境中吸收热量，这意味着当毛巾变干的时候，也在给啤酒降温。如果将湿毛巾与电风扇配合，会明显加速降温过程。

用湿毛巾降温，特别是伴随着电风扇，效果令人震惊。降温非常大，以至于你会担心是否会导致酵母沉降。

为了获得更加稳定的温度，把发酵罐放到较大的容器中是一个很好的办法，例如一个大桶或者浴盆。如果将该容器装满预想温度的水，啤酒产生的热量将会快速消散；如果体积再大一点，即使环境温度升高或下降，啤酒发酵温度也不会下降太快。如此将保持一个稳定的发酵温度，无论黑夜还是白天。

给啤酒升温

如果家里寒冷、四处透风，就需要给啤酒升温。当啤酒温度降至16℃，或者更低，就要采取升温措施。如果你有中央供暖的话，最简单的方式是将发酵罐移到加热器附近，但不要距离太近，因为这样有升温太高的风险。

给啤酒升温的另一个方法是将发酵罐放到一个较大的容器中，例如上面提到的浴盆。如果用比预想发酵温度高的温水填满浴盆，啤酒将会逐渐升温。

如果你想持续提升温度，应当考虑买一个鱼缸加热器。鱼缸加热器较便宜而且可以置于水下，可以对其消毒，然后将其放到啤酒中，更好的方式是把它放到发酵罐所在的装满水的容器中。大多数的恒温器是很容易调节的，因此可以设定所需要的温度。但是在使用之前，最好用温度计测试下其精度。

在啤酒中放置一个潜水加热器，便增加了一个潜在的污染部位，而穿过桶盖的电线与其相连，又增加了另一个污染和氧化的途径。

后贮

酵母完成糖类的发酵之后，它们的工作还没有完成。下一阶段它们将进入后贮过程，这是它们寻找可选择食物来源的时候，这包括在生长过程中会产生大量的、令人讨厌的副产物。

许多酿酒指南会告诉你，可以将啤酒转到另一个二次发酵罐，进行后贮。但最好不要这样做，要让啤酒含有酵母。在前发酵桶中进行后贮是最有效的，因为有很多酵母，同时没有了额外的、不必要的转桶而带来的污染和氧化风险。在前发酵桶中，两周的时间足够发酵和后贮啤酒。

后贮时间过短或者装瓶过早引起的两个常见问题是乙醛和双乙酰，这些酵母副产物分别能使啤酒闻起来有青苹果味和奶油味。在合适的温度，二者含量都会随着啤酒后贮时间的延长而减少。给啤酒足够的后贮时间，还可以使酵母和蛋白质沉降到罐体底部，从而酿造出更加清澈的啤酒。

啤酒什么时候成熟

在这个阶段，会观察到冷凝固物和酵母会沉降到发酵罐底部，排气阀冒泡有点慢，啤酒将要成熟了。

首先中的首先，永远不要只通过排气阀冒泡的程度来判断发酵的进程，二氧化碳从任何液体中都会稳步释放，特别是当加热的时候，冒泡与酵母活性并不相关。

可以通过测定目前的具体比重，来判断发酵进程，不用每天都测定比重，这样会浪费啤酒，没有必要。只需要在啤酒看起来完成发酵过程时开始测第一次，测完后隔一天再测一次，随后按这个操作。一般的规律是，如果同一批啤酒连续三天测得的浓度是一样的，那么啤酒发酵就完成了。

记得每次取样测定比重后，给啤酒龙头消毒，可以防止较长时间不清洗导致啤酒龙头粘住，从而导致污染。

自转入发酵桶算起，前发酵大约需要3天到2周的时间。我提倡装瓶前，要让酵母在啤酒中再待2周时间。如果此前测定了三个完全相同的糖度，而且急于装瓶，要至少再放置几天，以完成后贮。

多次检测比重不准确的唯一可能是发酵停滞，这是由于未知原因造成的酵母凝聚（即使还残留了很多糖）。酵母突然凝聚，很可能是发酵温度突然下降、接种过少或者酵母不健康所导致。

如果不确定发酵过程是否停滞，可以检查酵母发酵度的范围。使用酿造软件，利用初始比重和目前比重计算出麦汁的外观发酵度。如果低于酵母的发酵度范围，就意味着发酵停滞。

即使外观发酵度在参考范围之内，不确定性仍然存在。若只比最终比重稍微高一点，也可能会发生发酵过程停滞现象。如果在瓶内继续发酵的话，高出的这几点可能会导致瓶子发生爆炸。

判断发酵停滞

这种状况可以通过强制发酵测试来确认。移取500毫升麦汁到一个容器（例如一个干净的、消毒的玻璃瓶），接种小半袋干酵母，尝试使用与你啤酒酵母相似的菌株，直接从小袋中接种到待检测的发酵液中，不经过稀释，经过几天的发酵，如果待检测的发酵液浓度明显下降，那么发酵液便遇到了发酵停滞。

如何处理发酵停滞

酵母是一个令人烦恼的东西，一旦它们沉降，除了彻底改变它们的环境，否则它们很难复苏。

你首先应该尝试的是加热发酵罐，将其加热到酵母的适宜发酵温度范围上限，结合着晃动或者混匀，以打散聚在一起的酵母，并添加少量的蔗糖（例如50g），三种合力将会解决大部分的发酵停滞。注意不要溅起水花，否则获得的不仅是发腻的啤酒，而且是氧化的、令人厌恶的啤酒。

如果仍不起作用，可以将发酵停滞的啤酒倒入第二个发酵罐，重新接种一种标准的、健壮的新酵母。要尽可能尝试把老酵母沉降出来，彻底去除。事实上，酵母能够发出信号，并与新酵母交流，使其絮凝。

第九步：二次发酵和干投酒花（可选）

你实际需要做的是：

- 酒花袋消毒
- 称取干酒花装入酒花袋，将其加入二次发酵罐
- 将啤酒从一个桶转到另一个桶
- 在16~23℃范围内保温3天

如果酿造的是一款富有酒花香的啤酒，可能想要添加干酒花，这些酒花宜在发酵后添加，可以赋予啤酒非常新鲜和突出的香味。

可以在前发酵罐干投酒花。然而，酒花油可能会通过排气阀逸出来或者黏附到酵母细胞壁上，因此可能会随酵母进入冷凝固物中。如果在前发酵罐干投酒花，没有发挥酒花香气的全部潜力。因此，有必要将啤酒转到后发酵罐，以将干投的酒花与大量酵母分开。

不必担心来自于酒花自身的污染，因为酒花是抗菌的，我还没听说过由于添加酒花而受到污染的，污染的风险来自于后发酵罐的不正确清洗和消毒以及酒花袋的使用。

事实上，就像听起来的一样，酒花袋就是一个装酒花的尼龙袋。如果准备干投酒花颗粒，使用酒花袋是个不错的主意。为了避免污染，在使用之前最好在平底锅中煮沸酒花袋，因为只用消毒剂达不到很好的效果。

如果干投的酒花是整个酒花，直接把它们加入消毒的后发酵罐，再从顶部倾倒啤酒进来即可。仔细操作，注意不要喷溅，避免氧化。整酒花会漂浮着，因此当将啤酒转到瓶子时，也很容易地避开它们。

在桶内干投酒花

如何干投酒花

1. 拆卸、清洗、消毒、重新组装备用桶、盖子和空气阀，这是后发酵桶，将用来干投酒花。

2. 如果使用酒花袋，在盛有水的锅内煮沸酒花袋，以进行消毒。在一个干净、消毒的容器内称取酒花，将其放入酒花袋并密封，放入后发酵桶底部。

3. 将前发酵桶放到椅子上，后发酵桶放到地板上，管子应该能从前发酵桶龙头延伸到后发酵桶底部。

4. 将前发酵桶的龙头消毒，连接好已经消毒的软管。

5. 打开前发酵桶龙头，开始流动要缓慢，注意不要喷溅。流动初期，倾斜后发酵桶，以使软管末端总是浸没于发酵液中。让它充满顶部，使酵母沉淀物留在前发酵桶中。

6. 重新盖上盖子，将后发酵桶在室温下放到暗处，静置3天。若放置时间过长，会导致啤酒有一种青草味。应该确保在干投酒花3天后有充足的时间去装瓶。

7. 清理前发酵桶和其他设备。如果愿意，可以先清洗酵母，保存起来用于下次酿造。

第十步：贮存

请参阅我的装瓶指南（52~63页）。

顺便说一句，做完美，才能保存更长久。

如果要贮存啤酒，我建议要装瓶。对于全谷物啤酒来说，没有什么新的东西要考虑，建议查看一下“装瓶”那一章。

如果真心喜欢酿造，准备全身心投入一生到酿酒事业中时，可以考虑做一个桶系统。我们将很快地考虑如何设置一个简单的桶系统（请查阅“设置桶系统”）。

记住，家酿的很多乐趣来自于分享好的啤酒。有一套自己的家酿桶系统听起来很酷，但最好每个人都能够品尝到你的啤酒。

（对页）
用于贮存啤酒的老式周转箱

BITTER

迷你酿酒日

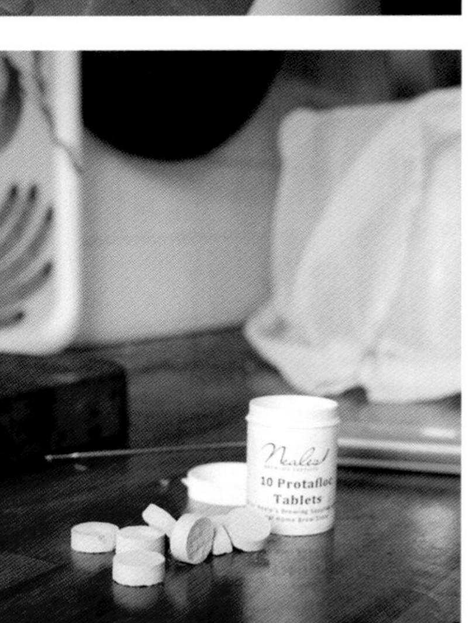

1	4	7	10	13
2	5	8	11	14
3	6	9	12	15

1 准备酵母

2 投料

3 微波炉升温终止糖化

4 微型过滤

5 第一麦汁过滤

6 用热水洗糟

7 浸泡麦糟

8 挤压袋子

9 测煮沸前麦汁浓度

10 在第一麦汁中添加酒花，开始煮沸

11 添加风味酒花

12 澄清剂

13 香味浸渍

14 添加无菌水稀释

15 在冷水浴中冷却

解决啤酒酿造中的问题

在产品构思、生产和发酵过程中所犯的错误对啤酒都有一定的影响。一款啤酒可以看起来有趣，闻起来有趣，或者品尝起来有趣。就像好啤酒所有令人满意的特点一样，坏啤酒的特点也是与众不同的。

每种啤酒缺陷都可以用技术术语归类，但是我将通过他们的气味、口味和外观来定义。最重要的事情是学会辨别它们，你只有了解它们，才能在酿造过程中改变一些东西以改善它们。每次当你第一次品尝你的啤酒的时候，就要一个一个去考虑它们。

一旦品尝出了酒的每种缺陷，并能够识别它，将永远不会忘记它。这可能是一个诅咒：你将会开始挑你最喜爱啤酒的缺陷，再也不会像之前一样喜欢它。

黄油味；人造黄油味；黄油蛋糕味；油腻的口感

这是双乙酰的典型味道。主要是由于啤酒与酵母分离太早，以至于酵母没有机会转化它。在较低温度下发酵也会导致双乙酰超标，特别是啤酒污染其他微生物时。细菌属中的小球菌由于能产生大量的双乙酰，尤其声名狼藉。

将发酵过程停止在一个适当的温度可以阻止双乙酰产生。当然应当使用大量的健康酵母。对于某些风格的啤酒来说，例如一款英式苦啤，对于味觉和嗅觉不太灵敏的人来说，他们可能认为是不错的。如果得到了一瓶富含双乙酰的啤酒，可以将其放置到温暖的地方（20~25℃），并保持在该温度下，酵母将会尽力完成代谢，尽管这种办法作用比较有限，而且有些啤酒已无法挽救。

青苹果味；苹果酒味

这是乙醛的典型味道。它也是一种臭名昭著的化合物，当它在人体内时，会引起宿醉的感觉。它闻起来有非常明显的青苹果味，特别像用苹果香精做成的糕点味。像大多数异味成分一样，它也可能因为污染产生，但是通常与啤酒和酵母分离过早有关。

在前发酵桶中正确后贮啤酒，可以避免啤酒产生乙醛味。要一如既往地确保酿造时要使用大量的健康酵母，并在接种前给麦汁进行良好的充氧。

玉米味；蔬菜味；煮熟的白菜味；芹菜味

这是二甲基硫的典型味道。在以大量浅色麦芽和拉格麦芽酿制而成的啤酒中，会发现二甲基硫的存在，因为在这些麦芽中富含其前体物质*S*-甲基蛋氨酸（SMM）。同样，它也可以通过污染而产生。

如果是因为使用了大量的浅色麦芽和拉格麦芽，可以将麦汁煮沸至少1小时或者90分钟而除掉二甲基硫。要确保热源让麦汁剧烈煮沸，麦汁表面要总是保持沸腾状态。无论如何，都不要用盖子盖上煮沸锅。特别是当麦汁慢慢冷却的时候，残余热量会将SMM转化，导致DMS并没有通过煮沸除去。如果这是个问题反复出现，就要考虑买一个麦汁冷却器。时刻要记住：首先要保证消毒。

涂料稀释剂味；酒精味；辣味；粗糙的口味；丙酮味

这些是杂醇油（高级醇）的典型味道。这些高级醇是在酵母的快速增殖阶段由于发酵温度较高而产生。有时它们很微弱，也许唯一的标志是啤酒酒精含量品尝起来或闻起来比实际测出的过高。至于其他原因，污染其他微生物也是一个诱因。

控制发酵温度在较低状态，特别是在发酵的前几天可以避免此问题。要确保麦汁充氧足够。如果能品尝出啤酒有高级醇味，能补救的措施就很少了。如果延长后贮期，一些高级醇可以转化成酯类，从而带来一种水果风味。要一如既往，做好严格的消毒灭菌工作。

肉味；洋葱味；烧焦的橡胶味

这是酵母自溶的味道，也是由于污染而不可避免产生的。酵母自溶就是酵母死亡。如果将酵母在前发酵桶放置太长的时间，你就会发现，随着时间的延长，酵母会自然死亡。“太长”意味着基本上超过了4~6周，在此之前你不太可能尝到这些味道。我从来没有闻到过或者品尝过一款啤酒，达到过烧焦的橡胶味阶段，但是我相信很多人经历过。上述所有风味也可以因为污染而产生。

在这些风味形成之前，可以将酵母从啤酒中移除来阻止其产生。啤酒在较高温度下、贮存时间较长，也会导致酵母在瓶中自溶。做好灭菌。如果你有过了保质期的一瓶酵母，可以打开并嗅闻，闻起来可能就像酵母自溶味。

尖锐的酸味

这是污染片球菌或者乳酸菌的典型味道。很可能，这两种杂菌都感染了，它们能产生大量的乳酸，带来一种很明显的酸味。如果啤酒呈现醋味或者涩口，请看下面段落“醋味”。当这些细菌开始繁殖时，它们会产生酸，出现酸的特性。可能还有其他的污染特征；例如，片球菌属能使啤酒看起来像可怕的黏性丝状物质，它也能大量产生双乙酰。

严格的清洗和消毒可以避免该尖锐酸味的产生，在使用消毒剂之前，要仔细检查接触啤酒或冷却麦汁的每件设备。

醋味

这是污染醋酸菌的典型味道。在有氧情况下，可以将酒精转化为醋酸。如果啤酒污染了其他微生物，可以将污染的啤酒单独放置几周，看看能否发现足够让人“高兴”的、“有趣”的事情。如果感觉到了醋味，只能将啤酒倒掉，一小点的醋酸就足够糟糕。

污染醋酸菌意味着消毒过程较差，并且有氧气进入了麦汁中。需要严格清洗所有的设备，如果是廉价的塑料设备，只能更换了。回顾装瓶或者倒桶操作过程，杜绝飞溅。如果需要在二次发酵桶将啤酒贮存很长一段时间，建议购买玻璃瓶或者PET广口瓶，这远比聚乙烯桶渗透氧气要少得多。

涩味；涩口感；葡萄皮味；过度冲泡的茶味

这是涩味的典型特点。涩味很容易与苦味、酸味混淆，因此为了分清它们之间的不同，我建议沏一杯茶。不要使用水壶，将茶包放到一个平底锅中，加入一杯煮沸的热水，然后煮沸5分钟，品尝一下液体，就是涩味。

这可以通过恰当的麦汁过滤来防止。涩味主要来源于单宁，主要由太多的、太高温度的洗糟水浸提而来。如果确定不是这种情况，可能是由于麦芽比平常粉碎得更碎，可以和麦芽粉供应商协商来改善这种状况。添加太多酒花不会造成涩味，但是在淡啤酒中干投酒花，并维持较长时间，就会导致涩味。哦，不要将太多无聊的香料（或者茶）添加到啤酒中。

甜味；甜腻味；糖浆味

这由于啤酒的发酵度较低所导致，其特征是甜度高于啤酒适宜的甜度。其原因是多方面的，与酵母相关的因素包括其较高的絮凝性、较低的接种率（最常见的原因）等，或者是发酵期间温度突然降低。否则，就是添加了大量富含糊精的麦芽或者投料温度太高。

从根本上来说，通过接种大量的健康酵母可以防止这种现象。但是需要检查你的配方，我们都会犯错误。误读或者轻率地解释糖化温度在当时看起来是个小错，但是现在你有20L失败的啤酒，要强忍着去喝完。

纸板味；雪莉酒味；霉味

这是啤酒氧化的典型味道，可能注意到瓶装啤酒开始像润湿的纸味或者纸板味，然后转化为雪莉酒味或者皮革味。如果倒桶与灌瓶时马马虎虎，会将大量的氧气带入啤酒中，啤酒就会很快氧化。如果将啤酒放置很长时间，它终将彻底氧化。

转桶时要仔细操作，以减少啤酒氧化。后贮之后，将所有啤酒尽可能贮藏于瓶中，贮酒温度要尽可能低。灌瓶时，总是要从瓶子底部向上灌装，确保瓶颈空气最少。要记得及时喝完啤酒，因为所有啤酒终将氧化。

日光臭味；漏气；口臭味

啤酒有日光臭味，天哪！这是酒花苦味来源的异α-酸与紫外线反应的结果。

可以通过避免紫外线照射防止该不良气味的产生。啤酒发酵时，最好在没有自然光的房间里发酵或者在橱柜中发酵，然后装在深棕色瓶子中（能阻止97%的紫外光通过），永远不要相信啤酒厂包装在透明或者绿色瓶子中的啤酒。贮藏啤酒时，尽可能远离自然光。

> 如果啤酒闻起来总有硫味，而不是日光臭，要考虑可能是污染引起的。大部分含硫化合物是易挥发的，大多由拉格酵母产生。随着发酵时间的延长，它们通常能通过发酵桶的密封阀排出。

香料味；丁香味；烟熏味；塑料味；药味

这是啤酒典型的酚味。通常不是一个坏东西，它是某些比利时酵母和德国小麦酵母的特色，适当的酚类是完美的。如果啤酒含有上述风味物质，但并不令人满意，那可能是受到了酒香酵母的污染（详见“酒香酵母”一节）。如果水中氯离子含量较高，它可以与麦芽反应产生类似的不愉快的酚类物质。

可以通过选择合适的酵母来防止该风味的产生，例如，酿造美式淡色爱尔啤酒时，不要使用小麦啤酒酵母，否则啤酒中将有不合适的酚类物质。接种小麦酵母过少，将使问题变得更糟糕。如果在啤酒厂有很多酒香酵母，深入清洗所有物品，并清洗两次。将所有物品消毒，然后再重复一次。

干草味；青草味

有几个方面的原因会导致啤酒呈现青草味特征。在中世纪，当酿酒师干投酒花时间过长，特别是在较低温度下，啤酒呈现青草味是比较常见的。如果麦芽质量较差、贮存方式不正确，或者粉碎后贮存了很多年，也能带来这种风味。

确保在较短的时间内（3天）、正常的发酵温度下干投酒花。如果认为问题在于麦芽不新鲜，只能更换麦芽，宜从声誉好的供货商处购买，而且麦芽要密封完好。如果寻找好的供货商也是个问题，考虑下购买自己的谷物粉碎机。

喷涌；爆瓶；泡沫太多

这是由于啤酒过度饱和二氧化碳（塞松啤酒二氧化碳含量可以较高）。如果在啤酒完成发酵之前开始装瓶，啤酒将会在瓶中继续发酵，会产生二氧化碳，引起二氧化碳饱和，导致压力升高。如果发酵已停止，但对此你一无所知，装瓶过程中吸收的氧气和添加的糖类可以顶开瓶子，导致瓶子爆炸。

通过确保啤酒达到期望的发酵度、装瓶前3天糖度相同可以预防喷涌、爆瓶现象。当添加二次发酵糖时，要确定糖不太黏稠，可以较好地溶解到啤酒中。如果有一批啤酒气泡太多，你担心瓶子爆炸，应当将它们适当冷却。然后，松一下皇冠盖，释放一些压力，静置一小时，使溶解的二氧化碳释放到空气中。再重新盖上皇冠盖，把它们放回到贮酒室。

没有泡沫；平淡无味

啤酒泡持性较差。该问题本身并不是坏事，但是可以反映出许多问题。酒花苦味值的不足、麦芽溶解不良以及玻璃杯较脏都会破坏啤酒的泡持性。因为任何油基的物质都会破坏泡沫壁，啤酒中太多含脂肪的添加剂也会导致没有绵密的啤酒泡沫。高酒精含量啤酒的泡持性自然也较差。

瓶子爆炸

瓶子喷涌的另一个显著原因是污染了酒香酵母（详见“日光臭”一节）。由于该野生酵母生长缓慢，过一段时间后，才会被注意到。它能逐渐代谢掉酵母不能消耗的东西，甚至开始吞噬死酵母，这将导致瓶中压力大增和瓶子爆炸。确保专业地消毒所有物品，包括啤酒瓶。

可以通过添加小麦或者燕麦来改善啤酒泡持性的问题，小麦或者燕麦能带来大量蛋白质，并增加泡持性。不要把啤酒倒入脏的玻璃杯中，这是不尊重啤酒。如果你注意到啤酒没有泡沫，而且平淡无味，这是瓶中没有饱和二氧化碳所致，有可能是没有足够的酵母去二次发酵，或者没有足够的二次发酵糖，或者是糖足够、但没有与啤酒混合好所造成的。

淡薄；水味；酒体清淡

这可能是啤酒过度发酵所致，一般可以通过酒体中较高的酒精含量来补偿，但对酒精含量较低的啤酒而言，口感会呈现明显的水味。这可能是由于太高的发酵温度、过度接种酵母、添加了太多的糖类，或者不可避免的污染而造成的。

可以通过减少配方中的糖类来防止该问题。记住，添加糖类会使啤酒更干爽，但是添加太多会导致啤酒更淡薄。可以通过添加未发芽的谷物和富含糊精的麦芽（例如水晶麦芽）来抵消这种不利影响。如果想要酒体更醇厚，可以考虑在较高温度下投料，例如66~67℃。

朦胧的；浑浊的；不透明的

这是澄清度的问题，该问题取决于啤酒浑浊的类型。如果啤酒只在冷藏时浑浊，这是冷浑浊，主要是由较小的、沉淀的蛋白质所导致，可以通过快速冷却麦汁和使用澄清剂来解决。

如果是永久浑浊，可能是投放酒花过多或者使用了中等絮凝酵母菌株（例如美国西海岸酵母）所致。如果你选择不使用澄清剂，或者决定在酿造过程中添加小麦、黑麦或者燕麦，你就得接受该啤酒的浑浊，这不会使啤酒更糟糕，甚至可能会增强其口感。

最灾难性的原因是遭到污染，例如污染了酒香酵母，它不会很好地絮凝，将导致啤酒的永久浑浊。你也可能发现其他迹象，例如在瓶中过度饱和二氧化碳以及酵母的奇怪特征。检查清洗和灭菌程序。

烧焦味；不愉快的烟熏味；辛辣味

这可能是由烧焦所导致，不会改变啤酒的颜色，你要检查一下锅体底部或加热元件的黑色涂层。当蛋白质和未转化的淀粉落到热源上，会导致烧焦。

可以通过保持残渣与热源分开来预防该缺陷。可以经过麦汁袋回流所有的麦汁，直到得到清晰的麦汁；或将麦芽粉碎得稍粗；或在麦汁过滤时不扰动麦糟层来实现。

在加热麦汁到沸腾期间，要定期搅拌麦汁。一旦麦汁沸腾，热流会使麦汁与加热元件有分离趋势，也就不会烧焦。在麦汁加热时，如果不定期搅拌，蛋白质和未转化的淀粉就会粘附到热源上。

问题解答

1. 烧焦

2. 雾状浑浊

3. 没有泡沫

4. 糖浆味，腻口

英式爱尔/爱尔兰爱尔

这一章（以及剩下所有章节）的每个配方都值得花时间理解，它们有些是老生常谈，但每一个都是世界级的啤酒，其中几款啤酒在世界级酿造比赛中获得奖项，然而这并不那么重要。

重点是，每个配方都是极好的。不应该被正宗英式爱尔啤酒旧名声所困扰，典型的英式啤酒与来自美国或者比利时的啤酒同样有趣，只是其名声没那么大而已。

可能英国人对我把英格兰、苏格兰和爱尔兰爱尔啤酒集中到一章中会有较多抱怨（抱歉了，威尔士）。我是这样考虑的，因为它们所有的啤酒都是来自相同的源头，使用相似的酵母、同一系列的麦芽和酒花。此外，将这一章一分为三也是因为其配方相近。当然你也可以对它们进行创新改良。

我的所有配方都是出于实验，相信你能看出来，所以请不要在亚马逊上给这本书差评，即使我说过你可以改变我的配方，并也能成功。但这样做不是本书的主旨。

超苦啤酒，超级特苦啤酒（ESB）

查看任何风格的配方时，不依据常用分类方法去辨别它们是十分困难的。我忍不住将一款具有优质苦味的啤酒和完美的富勒超级特苦啤酒（Fuller' s ESB）对比。它不是一款特别复杂的啤酒，甚至风味也不是特别丰满，但是它是美妙的。它是如此之好，其他样品都显得像是下等品。

但是，这样看是错误的。如果一款啤酒非常成功或者长盛不衰，这并不意味着它不能变得更好，至少可以根据个人口味定制。至于烈性苦啤酒，仍有提高酒花添加量的潜力。这款啤酒酒精含量较高，可以多加酒花，如果放任其陈化而不做改变是不对的。

目标值：

初始比重	1.058~1.064
最终比重	1.012~1.016
苦味值	35IBUs
色度	25EBC

批次规模	20L

谷物清单

玛丽斯奥特（Maris Otter）麦芽	90% 4.5kg
英国水晶麦芽	10% 500g

酒花

挑战者	在第一麦汁添加酒花-20g
东肯特戈尔丁	煮沸结束前10分钟-50g
挑战者	煮沸结束前5分钟-30g
东肯特戈尔丁	煮沸结束前1分钟-50g

酵母

英式爱尔酵母，建议怀特实验室WLP002，Wyeast 1968或者Safale S-04

其他配料

1片絮凝片（爱尔兰苔藓）

准备好酵母，清洗、准备酿酒设备。

将24L水升温至70℃。通过水质报告来处理酿造用水。

投料。糖化温度66℃保持60分钟。

糖化结束——糖化醪温度升至75℃。

用4L75℃水洗糟，得到不超过23L的麦汁（煮沸前体积）。

向第一麦汁添加酒花。麦汁煮沸60分钟，在煮沸结束前的10分钟、5分钟和1分钟分次添加酒花。

麦汁冷却至18℃。

并用无菌水调整至达到的初始比重。

将麦汁转移到清洗消毒过的发酵容器中，麦汁充氧，并接种准备好的酵母。

在初始发酵容器中于18~20℃发酵2周。

加80g白蔗糖，装瓶，达到1.8~2倍体积的CO_2。

ALCOHOL
BY VOLUME
70
60
50
40
30

单一麦芽和单一酒花的英式淡色爱尔啤酒

理论上讲，没有比这款啤酒更简单的啤酒了，利用该配方可以酿造一款单一麦芽和单一酒花的啤酒，通常来说，这款啤酒可以展示出美国酒花的大量风味。正因如此，可以体验出仅由麦芽、酒花和酵母组合带来的复杂多变和完美平衡。

酵母是极其重要的。可以寻找一些主流菌株就像Safale S-04，但是我要寻找一些更令人兴奋的菌株。为了寻找一款能展现出干爽、有趣特点的菌株，应当尝试下知名度不高的英国北部爱尔酵母。用于酿造约克郡爱尔啤酒的Wyeast 1469是从蒂莫西·泰勒啤酒厂分离出来的，它是一个明智的选择。WLP037是一种非常具有特色的酵母，如果仔细地给麦汁充入大量的氧气，并能维持低温、保持完美，该配方的简洁性将使其表现更突出。如果选择Wyeast 1469，为了达到较高的发酵度，可能需要较高的投料温度。

目标值：

初始比重	1.042~1.044
最终比重	1.007~1.011
酒精含量（体积分数）	4%~4.4%
苦味值	32IBUs
色度	7EBC

批次规模	20L
估计效率	70%

谷物清单

优质英国浅色麦芽，例如玛丽斯奥特（Maris Otter）麦芽或者金色诺言（Golden Promise）麦芽　100% 4kg

酒花

挑战者（7.5% α-酸）	第一麦汁加酒花-20g
挑战者（7.5% α-酸）	煮沸结束前15分钟-40g
挑战者（7.5% α-酸）	煮沸结束时-40g

酵母

约克郡爱尔酵母，如Wyeast 1469或者WLP037。可替换的酵母有英国爱尔酵母，例如怀特实验室WLP002，Wyeast 1968或者Safale S-04

其他配料

1片絮凝片（爱尔兰苔藓）

（对页）
测糖度

准备好酵母，清洗准备好酿酒装备。

将20L水升温至69℃。

投料。糖化温度65℃保持60分钟。

糖化结束——糖化醪温度升至75℃。

用4L75℃水洗糟，得到不超过22L的麦汁（煮沸前体积）。

在第一麦汁加酒花。麦汁煮沸60分钟。在煮沸结束前15分钟和煮沸结束时，分别添加酒花。

麦汁冷却至18℃。测初始比重，并用消毒的水调整至你想达到的初始比重。

将麦汁转移到清洗消毒过的发酵容器中，给麦汁充氧，并接种准备好的酵母。

在前发酵容器中于18~20℃发酵2周。

添加90克白蔗糖，装瓶，以达到1.9~2.1倍体积的CO_2。

旧世界的英式IPA

英式IPA曾经是一种特有啤酒。大部分IPA都是口味强烈的、淡色的、灌装时加入了足量的酒花，能够使来自大英帝国的外籍人士忘记乡愁。

总的来说，现在它们有一点空泛，人们管什么啤酒都叫IPA，根本就没有尊重IPA这个术语。听说过Deuchars IPA吗？听说过格林王（Greene King）IPA吗？如果你居住在英国，可能都会接触到。这些产品大多有一点点轻微的甜味，大部分是平淡的苦味，这是非法侵占人们心目中的IPA这个名字。

大部分人认为一款完美的英式IPA更像来自美国的啤酒。是的，老款的英式IPA会加入更多的酒花，包括多次干投，而不是今天疯狂的美式风格啤酒。仅从使用酒花种类而言，你就找不到接近美式IPA水平的啤酒。我不了解以前酿酒师的酒花添加时间表，因此我参考了一款美式风格的酒花添加时间表。我想不出更好的获得英国酒花特征的办法。

目标值：

初始比重	1.062~1.066
最终比重	1.010~1.014
酒精含量（体积分数）	6.4%~6.8%
苦味值	50~55 IBUs
色度	20EBC

批次规模	20L
估计效率	65%

谷物清单

浅色麦芽，玛丽斯奥特（Maris Otter）	87.3%-5.5kg
水晶麦芽（80L）	6.3%-400g
小麦麦芽	6.3%-400g

酒花

目标（11% α-酸）	第一麦汁添加酒花-30g
挑战者（7.5% α-酸）	煮沸结束前10分钟-30g
挑战者（7.5% α-酸）	煮沸结束前5分钟-30g
挑战者（7.5% α-酸）	香型酒花浸渍30分钟-40g
东肯特戈尔丁（5% α-酸）	香型酒花浸渍30分钟-50g
目标（Target）（11% α-酸）	香型酒花浸渍30分钟-20g
东肯特戈尔丁（5% α-酸）	干投酒花，保持3天，50g

酵母

英式爱尔干酵母，如怀特实验室WLP007或Wyeast 1098，Mangrove Jacks m07或者不得已时你可以使用诺丁汉酵母

其他配料

1片絮凝片（爱尔兰藓）

准备好酵母，清洗、准备好酿酒装备。

将27L水升温至69.5℃。

投料。糖化温度65℃保持60分钟。

糖化结束——糖化醪温度升至75℃。

用6L75℃水洗槽，得到不超过25升的麦汁（煮沸前体积）。

在第一麦汁添加酒花。麦汁煮沸60分钟。在煮沸结束前10分钟和5分钟分别添加酒花。

麦汁冷却至75~79℃。添加香型酒花，浸渍30分钟。

冷却麦汁到18℃。测初始比重，并用消毒的水调整至想达到的初始比重。

将麦汁转移到清洗消毒过的发酵容器中，给麦汁充氧，并接种准备好的酵母。

在前发酵容器中于18~20℃发酵两周，或直到发酵糖度超过3天都不再变化。

转移麦汁到二次发酵罐，干投酒花，保持3天。

添加100g白蔗糖，装瓶，以达到2.1~2.3倍体积的CO_2。

棕色爱尔啤酒

美国精酿啤酒已进入稳定期，就像池塘里的水一样波澜不惊，而英国棕色爱尔啤酒则呈现出螺旋式下降的趋势，尽管英国东北部地区的棕色爱尔啤酒宣称它们还不错，但Newkie Brown的啤酒确实非常糟糕。

但是棕色爱尔啤酒不一定都是糟糕的，一点也不！美国家酿棕色爱尔啤酒的大流行也证明了该朦胧色爱尔啤酒的美好未来。

这个配方类似浅色波特，但是具有焦香麦芽的特色和强烈的酒花特征。可以选择辛香味和泥土味的酒花。配方中也可以添加更多物料，无须理会墨守成规者！

目标值：

初始比重	1.046~1.050
最终比重	1.012~1.016
酒精含量（体积分数）	4.6%~4.8%
苦味值	30IBUs
色度	43EBC

批次规模	20L
估计效率	70%

谷物清单

浅色麦芽，玛丽斯奥特（Maris Otter）	82.2%-3.7kg
深色结晶麦芽（120L）	4.4%-200g
浅色结晶麦芽（20L）	4.4%-200g
琥珀麦芽	4.4%-200g
巧克力麦芽	4.4%-200g

酒花

目标（11% α-酸）	第一次麦汁加酒花-15g
法格尔（4.5% α-酸）	煮沸结束前15分钟-20g
法格尔（4.5% α-酸）	煮沸结束前5分钟-20g

酵母

英国爱尔干酵母；例如怀特实验室WLP007，Wyeast 1098，不得已时可以使用诺丁汉酵母

其他配料

1片絮凝片（爱尔兰苔藓）

准备好酵母，清洗准备好酿酒装备。

将22L水升温至71℃。

投料。糖化温度66.5℃保持60分钟。

糖化结束——糖化醪温度升至75℃。

用4L75℃水洗糟，得到不超过22L的麦汁（煮沸前体积）。

给第一麦汁加酒花。麦汁煮沸60分钟。分别在煮沸结束前15分钟和5分钟时添加酒花。

麦汁冷却至18℃。测初始比重，并用无菌水调整至想达到的初始比重。

将麦汁转移到清洗消毒过的发酵容器中，给麦汁充氧气，并接种准备好的酵母。

在前发酵容器中于18~20℃发酵两周，或直到发酵糖度超过3天都不再变化。

添加100g白蔗糖，装瓶，达到2.1~2.3倍体积的CO_2。

干爽稻谷波特啤酒

具体来讲，波特是介于世涛和棕色爱尔之间的一种啤酒。说实话，能够通过盲评将大量的英国深色啤酒分类的人都是天才。最重要的是，这是一款美味的啤酒。

该款啤酒基于塔德卡斯特的塞缪尔·史密斯啤酒厂的著名稻谷波特配方，有成熟的烘烤麦芽风味，使用了爱尔兰的爱尔酵母。这是一种完全被低估的酵母，其性能远在爱尔兰世涛酵母之上，它能带来绝妙的复杂性和较好的发酵度。对于家酿酵母来说，这是一个完美的选择。

如果无法获得爱尔兰爱尔酵母，依然可以使用英国爱尔酵母或英国爱尔干酵母，也能酿造出一款出色的啤酒。在这款啤酒中，我使用了东肯特戈尔丁（East Kent Goldings）酒花，这款啤酒的酒花特性是次要的，你可以使用任何英国酒花。

目标值：

初始比重	1.062~1.066
最终比重	1.010~1.014
酒精含量（体积分数）	6.4%~6.8%
苦味值	50~55IBUs
色度	20EBC

批次规模	20L
估计效率	65%

谷物清单

浅色麦芽，玛丽斯奥特（Maris Otter）	77.8%-3.5kg
结晶麦芽（80L）	8.9%-400g
巧克力麦芽	6.7%-300g
棕色麦芽	4.4%-200g
深色蜜糖（在煮沸时添加）	2.2%-100g

酒花

东肯特戈尔丁（5% α-酸）	第一麦汁加酒花-30g
东肯特戈尔丁（5% α-酸）	煮沸结束前15分钟-30g
东肯特戈尔丁（5% α-酸）	煮沸结束前1分钟-20g

酵母

爱尔兰爱尔酵母；例如WLP004或Wyeast 1728。可替换酵母有：英式爱尔干酵母，如Mangrove Jacks m07，WLP007或Wyeast 1098

其他配料

1片絮凝片（爱尔兰苔藓）

准备好酵母，清洗准备好酿酒装备。

将24L水升温至71℃。

投料。糖化温度66.5℃保持60分钟。

糖化结束——糖化醪温度升至75℃。

用4L75℃水洗糟，得到不超过23L的麦汁（煮沸前体积）。

第一麦汁加酒花。麦汁煮沸60分钟，在开始时添加蜜糖。在煮沸结束前15分钟和1分钟时分别加酒花。

麦汁冷却至18℃。测初始比重，并用无菌水调整到想达到的初始比重。

将麦汁转移到清洁消毒过的发酵容器中，给麦汁充氧，并接种准备好的酵母。

在前发酵容器中于18~20℃发酵两周，或直到超过3天糖度都不再变化。

添加90g白蔗糖，装瓶，以达到2.0~2.2倍体积的CO_2。

我的第一款燕麦世涛

我称这个配方为我的第一个啤酒配方。我与我的朋友兼酿酒伙伴欧文（Owen）一起研发了这个配方。我想要一款非常干爽、非常好喝的世涛，它通过添加大量燕麦使酒体非常顺滑。

之前我酿过多次，只与原版有微小差别，基本原则是一样的：都是关于焙焦麦芽的复杂组合，加上优秀的英式爱尔干酵母。我尝试过多加酒花，但不起作用。

前几天我发现了一瓶原作，藏在啤酒架后面。我打开它，它美味得让我对自己大叫，“居然这种酒只剩这一瓶了”。这些是最好喝的啤酒，经历这么多年仍然没有一点氧化。

目标值：

初始比重	1.066~1.064
最终比重	1.014~1.018
酒精含量（体积分数）	6%~6.4%
苦味值	33IBUs
色度	66EBC

批次规模	20升
估计效率	70%

谷物清单

浅色麦芽，玛丽斯奥特（Maris Otter）	78.6%-4.4kg
水晶麦芽（80L）	3.6%-200g
巧克力麦芽	3.6%-200g
浅色巧克力麦芽	3.6%-200g
巧克力小麦芽	3.6%-200g
燕麦片	7.2%-400g

酒花

东肯特戈尔丁（5% α-酸）	第一麦汁加酒花-60g
东肯特戈尔丁（5% α-酸）	煮沸结束前10分钟—20g

酵母

英式爱尔干酵母，如Mangrove Jacks m70，WLP007或Wyeast 1098

其他配料

1片絮凝片（爱尔兰苔藓）

准备好酵母，清洗和准备好酿酒装备。

将24L水升温至70.5℃。

投料。糖化温度65.5℃保持60分钟。

糖化结束——糖化醪温度升至75℃。

用4L75℃水洗糟，得到不超过23L的麦汁（煮沸前体积）。

对第一麦汁添加酒花。麦汁煮沸60分钟。在煮沸结束前10分钟加酒花。

麦汁冷却至18℃。测初始比重，并用无菌水调整至你想达到的初始比重。

将麦汁转移到清洗消毒过的发酵容器中，给麦汁充氧，并接种准备好的酵母。

在前发酵容器中于18~20℃发酵2周，或直到超过3天糖度都不再变化。

添加100g白蔗糖，装瓶，以达到2.2~2.4倍体积的CO_2。

爱尔兰出口世涛

一款世涛可以是清爽的吗？当然可以。要不然你在都柏林天热时喝什么？假设一下在18世纪中期，你想把这种啤酒出口到非洲或加勒比，它需要贮存于木桶中，经历漫长的海上运输，而且要在到达目的地时像刚出发时一样新鲜。

海外超级世涛就是由此产生的经典之作，它有英式IPA那样忍耐长途运输的品质，比国内版本更浓郁，加酒花更多。但它不能太甜，所以要不厌其烦地寻找这种超级棒的酵母，而且绝对要保持较低的糖化温度。

与传统酿造不同，该配方含有比利时特种麦芽B，它会使啤酒更加迷人。与传统酿造不同，我还去掉了烘烤大麦，也是基于相同的原因。

目标值：

初始比重	1.060~1.070
最终比重	1.014~1.018
酒精含量（体积分数）	6.6%~6.9%
苦味值	43IBUs
色度	73EBC

批次规模	20L
估计效率	70%

谷物清单

浅色麦芽，玛丽斯奥特（Maris Otter）	80.6%-5kg
特种麦芽B	3.2%-200g
巧克力麦芽	4.8%-300g
巧克力小麦芽	4.8%-200g
未发芽小麦	6.5%-400g

酒花

挑战者（7.5% α-酸）	第一麦汁添加酒花-40g
挑战者（7.5% α-酸）	煮沸结束前15分钟-20g

酵母

爱尔兰爱尔酵母；WLP004或Wyeast 1084

其他配料

1片絮凝片（爱尔兰苔藓）

准备好酵母，清洗准备好酿酒装备。

将26L水升温至70℃。

投料。糖化温度65℃保持60分钟。

糖化结束——糖化醪温度升至75℃。

用6L75℃水洗糟，得到不超过23L的麦汁（煮沸前体积）。

在第一麦汁添加酒花。麦汁煮沸60分钟。在煮沸结束前15分钟加酒花。

麦汁冷却至18℃。测初始比重，并用无菌水调整至你想达到的初始比重。

将麦汁转移到清洗消毒过的发酵容器中，给麦汁充氧，并接种准备好的酵母。

在前发酵容器中于18~20℃发酵2周，或直到超过3天糖度都不再变化。

添加100g白蔗糖，装瓶，以达到2.2~2.4倍体积的CO_2。

疯狂鲍里斯俄罗斯帝国世涛

这完全是我“偷”来的一个配方（已得到允许），因为它是我尝过的最好的、最难忘的啤酒之一。

我曾许多次品尝这款啤酒，但当我们盲评时，这款酒交织了一些特殊的东西。我们品尝的三款啤酒有两款是备受尊崇的商业帝国世涛——分水岭雪人（Great Divide Yeti）和北岸旧拉斯普金（North Coast Old Rasputin），另外一款就是疯狂鲍里斯（Mad Boris）。经过我们尽可能客观和科学地打分，家酿啤酒疯狂鲍里斯排在了最前面。

像一般帝国世涛一样，其独特之处在于干爽度，这使它相当易饮，即使酒精度超过9%。但它绝对不淡薄——酒液持续覆盖着口腔，让你感受到一层又一层的复杂麦芽香气透出。

不要被苦味值和美国酒花所困扰——诚实地说，它们是必要的。

目标值：

初始比重	1.085~1.089
最终比重	1.016~1.020
酒精含量（体积分数）	9.2%~9.5%
苦味值	85IBUs
色度	85EBC

批次规模	20L
估计效率	65%

谷物清单

浅色麦芽，玛丽斯奥特（Maris Otter）	80%-7kg
巧克力麦芽	8%-700g
结晶麦芽	4%-350g
棕色麦芽	4%-350g
琥珀麦芽	4%-350g

酒花

哥伦布（14% α-酸）	在第一麦汁加酒花-50g
哥伦布（14% α-酸）	煮沸结束前10分钟-30g

酵母

西海岸美式爱尔酵母，如US-05，WLP001或Wyeast 1056

其他配料

1片絮凝片（爱尔兰苔藓）

准备好酵母——保证有足够的酵母，清洗准备好酿酒装备。

将26L水升温至72.5℃。

投料。糖化温度66℃保持60分钟。

糖化结束——糖化醪温度升至75℃。

用8L75℃水洗糟，得到不超过24L的麦汁（煮沸前体积）。

在第一麦汁中加酒花。麦汁煮沸60分钟。在煮沸结束前10分钟加酒花。

麦汁冷却至18℃。测初始比重，并用无菌水调整至想达到的初始比重。

将麦汁转移到清洗消毒过的发酵容器中，给麦汁充氧，并接种准备好的酵母。

在前发酵容器中于18~20℃发酵2周，或直到超过3天糖度都不再变化。

添加120g白蔗糖，装瓶，以达到2.4~2.6倍体积的CO_2。在室温下于瓶中陈贮至少2周。

苏格兰出口啤酒

这种啤酒是苏格兰具有历史性的烈性啤酒之一。尽管其历史悠久，但是这种啤酒的酿造过程、酿造原料与传统方式完全不同。回溯当时，这些酒是用大量玉米和焦糖化的酿造糖制作而成的，因为它们很便宜，是麦芽的简易替代品。

该啤酒的俗名是80先令，可能是由于其相对较高的价格，该啤酒较淡的版本是60先令或70先令，而苏格兰爱尔可以高达120先令/桶。

其配方并不传统，但是我猜想我可以侥幸成功，因为我是苏格兰人。此外，80先令爱尔啤酒差异很大，有些像是干爽的、饼干味的英式苦啤，而一些有更多的深色、焦香特征。而这一种绝对是偏深色的一种，使用了比利时特种麦芽B和一点浅色的巧克力麦芽。为了增加可饮性和淡雅的蜜糖风味，我加了一些红糖。不要担心这种酒的酒花，如果可以的话，找一些苏格兰爱尔酵母。

目标值：

初始比重	1.044~1.046
最终比重	1.008~1.012
酒精含量（体积分数）	4.4%~4.8%
苦味值	25IBUs
色度	36EBC

批次规模	20L
估计效率	70%

谷物清单

玛丽斯奥特（Maris Otter）麦芽	84.2%-3.2kg
特种麦芽B	5.3%-200g
浅色结晶麦芽	5%-200g
琥珀麦芽	2.6%-100g
巧克力麦芽	2.6%-100g

酒花

东肯特戈尔丁（5% α-酸）	第一麦汁加酒花-25g
东肯特戈尔丁（5% α-酸）	煮沸结束前15分钟-25g

酵母

爱丁堡或苏格兰爱尔酵母；WLP028或Wyeast 1728。不得已时可以选用一种英式爱尔酵母，如WLP002或Safale S-04

其他配料

1片絮凝片（爱尔兰苔藓）

准备好酵母，清洗和消毒好酿酒装备。

将18L水升温至71℃。

投料。糖化温度66.5℃保持60分钟。

糖化结束——糖化醪温度升至75℃。

用4L75℃水洗糟，得到不超过22L的麦汁（煮沸前体积）。

对第一麦汁加麦汁酒花。麦汁煮沸60分钟。在煮沸结束前15分钟加酒花。

麦汁冷却至18℃。测初始比重，并用无菌水调整至你想达到的初始比重。

将麦汁转移到清洗消毒过的发酵容器中，给麦汁充氧，并接种准备好的酵母。

在前发酵容器中于18~20℃发酵2周。

添加80g红糖，装瓶，以达到1.9~2.1倍体积的CO_2。

克林斯曼爱尔啤酒

这是一款让人极想酿造的啤酒。它是传统的、香料味中等的苏格兰爱尔，呈深色，甜而华贵。

尽管之前对烘烤大麦有些担心，在此我还是加了一点。这是因为它能帮助烘烤味、苦味平衡，而不会增加太多咖啡味或巧克力特征——这种啤酒与世涛、波特或棕色爱尔截然不同。

这款啤酒辅料中有破碎的香菜籽。在苏格兰爱尔啤酒中加太多酒花效果并不那么好，所以香菜籽的辛香会赋予啤酒风味以些许复杂性和回味。

所用的酵母是主要关注点——强烈推荐爱丁堡爱尔酵母或苏格兰爱尔酵母。这些酵母能使香菜籽风味突出，如果控制发酵温度缓慢升高，它们还能产生轻微的酚味和比利时风味，该风味在这种啤酒中并不是坏事，尤其是装瓶陈贮时。

目标值：

初始比重	1.082~1.084
最终比重	1.019~1.023
酒精含量（体积分数）	8%~8.4%
苦味值	26IBUs
色度	36EBC

批次规模	20L
估计效率	65%

谷物清单

浅色麦芽，玛丽斯奥特（Maris Otter）	91.5%-7.5kg
深色结晶麦芽（120L）	7.3%-600g
焦香麦芽	1.2%-100g

酒花

东肯特戈尔丁（5% α-酸）	第一麦汁加酒花-50g

酵母

爱丁堡爱尔酵母或苏格兰爱尔酵母；WLP028或Wyeast 1728。不得已时，可以用英式或美式干酵母，如Safale US-05

其他配料

25g香菜籽，压碎

1片絮凝片（爱尔兰苔藓）

准备好酵母，清洗准备好酿酒装备。

将26L水升温至72.5℃。

投料。糖化温度66.5℃保持60分钟。

糖化结束——糖化醪温度升至75℃。

用6L75℃水洗糟，得到不超过24L的麦汁（煮沸前体积）。

在第一麦汁加酒花。麦汁煮沸60分钟。在煮沸结束前5分钟加破碎的芫荽籽。

麦汁冷却至18℃。测初始比重，并用无菌水调整至想达到的初始比重。

将麦汁转移到清洗消毒过的发酵容器中，给麦汁充氧，并接种准备好的酵母。

在前发酵容器中于18~20℃发酵3天。之后，你可以让温度升至24℃，保持完两周时间，或直到超过3天糖度都不再变化。一旦决定让它升温，就不要轻易让它降温。否则，酵母会絮凝，啤酒就不会发酵充分。

添加100g白蔗糖，装瓶，以达到2.1~2.3倍体积的CO_2。在室温下至少要瓶中后贮两周，这种啤酒会随陈贮时间而持续变化。

可畅饮的苦啤

苦啤，无处不在。在工作日下午5点之后，人们找不到比佐餐苦啤更适合打发时间的东西了。

随着酒精含量的升高，苦味也在增加，使啤酒变得越来越“特别”。然后，你或许会认为这种苦啤（如佐餐苦啤、普通苦啤）比高酒精含量的啤酒要逊色，但并不是这样的。对传统版本稍作调整以后，这种相对朴素的啤酒类型还是较为出众的。

第一个关键点就是小麦芽，它会使啤酒稍显浑浊，但能增加啤酒口感、抵消啤酒的淡薄，并且不会增加啤酒的甜味。其次是酒花，总体而言，市购的桶装佐餐苦啤可能缺乏酒花特性。在家中，我们不必拘泥于商业啤酒厂需要盈利的限制，因此，与大多数酿造商相比，我酿造的这款啤酒蕴含更多的香气，这是他们所不能提供的。任何的英国酒花都可以，我独爱戈尔丁酒花。

目标值：

初始比重:	1.036~1.040
最终比重	1.008~1.012
酒精含量（体积分数）	3.6%~3.8%
苦味值	28IBUs
色度	15EBC

批次规模	20L
估计效率	70%

谷物清单

玛丽斯奥特（Maris Otter）麦芽	85.7%-3kg
英国水晶麦芽（80L）	8.6%-300g
小麦芽	5.7%- 200g

酒花

东肯特戈尔丁	第一麦汁加酒花-20g
东肯特戈尔丁	煮沸15分钟-40g
东肯特戈尔丁	煮沸1分钟-40g

酵母

英国爱尔酵母，例如怀特实验室WLP002、Wyeast 1968或者Safale S-04

其他配料

1 片絮凝片（爱尔兰苔藓）

准备好酵母，清洗准备好酿酒装备。

将18L的水加热至70℃。

投料，保持糖化温度66.5℃60分钟。

糖化结束——将谷物温度升至75℃。

用5L水洗糟，水温为75℃，煮沸前麦汁体积不要超过22L。

在第一麦汁内添加酒花。煮沸麦汁60分钟。煮沸结束前15分钟和1分钟分别添加酒花。

冷却麦汁至18℃。检测初始比重，可以加入无菌水，以达到希望的初始比重。

转移麦汁至干净、清洁的发酵桶，给麦汁充氧，并接种准备好的酵母。

主发酵温控制在18~20℃保持2周。

装瓶，并添加白蔗糖，添加量为70g，以达到1.8~2倍体积的二氧化碳。

美式啤酒

美式啤酒对味觉的冲击是持续不断的，经常表现为酒花或者麦芽“炸弹”——浓烈而急促。它们尝起来就是它们应有的味道，并且滋味浓郁。

这种啤酒的浓度会使很多人退却。如果是你，也需要一些勇气。我保证，如果你坚持尝试并最终找到一款你所喜爱的啤酒的话，你将会和我们一样对它上瘾。

如果你经常从事家酿，或者在网上见过类似啤酒的配方，可能会被我推荐的惊人的酒花数量所震撼。请相信我的建议。大多数商业IPA和淡色爱尔都故意减少酒花用量，而家酿师仅仅按比例缩减了这些有缺陷的配方。

我们没必要像商业酿酒厂一样担心那些愚蠢的事情，比如“日常开支”或者“利润”，一定要添加足量的酒花。IPA中添加400g的酒花可能花费稍高，但是相对而言依然很便宜。

佐餐美式小麦爱尔

从没有任何一款啤酒比这款啤酒闻起来更像猫尿味，但这并不是一件坏事情，至少将这款啤酒评为全国一等奖的裁判不会如此认为。我用这几瓶啤酒获得金牌，而这款酒也逐渐开始商业化。

秘诀就是西姆科酒花。或者说，我原先认为秘诀就是西姆科酒花，确实添加了大量的西姆科酒花和亚麻黄酒花；酒花崩解，适度浸渍，最终啤酒口味超级干爽，添加的未发芽小麦和燕麦则避免了酒体淡薄，酒体也没有甜味。这款啤酒当然是不过滤的、不透明的，而且尽可能呈现淡色。

目标值：

初始比重	1.048~1.052
最终比重	1.008~1.012
酒精度（体积分数）	5%~5.2%
苦味值	38IBUs
色度	5EBC

批次规模	20L
估计效率	70%

谷物清单

玛丽斯奥特（Maris Otter）麦芽，极浅色	58.3%-2.7kg
未发芽小麦	33.3%-1.5kg
燕麦片	8.3%-400g

酒花

西姆科（12.3% α-酸）	煮沸20分钟-25g
亚麻黄（8.2% α-酸）	煮沸15分钟-25g
西姆科（12.3% α-酸）	煮沸10分钟-25g
亚麻黄（8.2% α-酸）	香味浸渍-50g
西姆科（12.3% α-酸）	香味浸渍-50g
亚麻黄（8.2% α-酸）	干酒花-25g

酵母

美国西海岸爱尔酵母，比如US-05、WLP001或者Wyeast 1056

准备好酵母，清洗准备好酿造装备。

22L水加热至69.5℃。

投料。保持糖化温度64.5℃ 60~90分钟。

糖化结束——升温至75℃。

以6L75℃水进行洗糟，达到预定麦汁体积，但不要超过26L。

煮沸麦汁90分钟。在煮沸结束前的20、15、10、5分钟分次添加酒花。

冷却麦汁至75~79℃，添加香型酒花，浸泡30分钟，温度不超过79℃。

冷却麦汁至18℃，检测初始比重，可以添加无菌水，以达到所需的初始比重。

转移麦汁至干净的发酵桶，给麦汁充氧，并接种准备好的酵母。

发酵温度控制在18~20℃，保持2周。一定要确保3天麦汁比重检测结果完全相同为止。

转移至二次发酵桶3天后，干投酒花。

装瓶，并添加白蔗糖，添加量为110g，以达到2.4~2.5倍体积的二氧化碳。

不朽的淡色爱尔

如果你走进一个新啤酒厂或者酒吧，不知道该点什么啤酒，那么可以选择美式淡色爱尔，任何啤酒厂都应该乐于你通过该类型啤酒对其品质做评价。我也很高兴你能根据此配方来评判本书。

许多人认为，美式淡色爱尔是一款淡色的、酒花味突出的啤酒，是“一款弱版IPA”，这么说是不明智的，美式IPA绝对要突出酒花特征的，不惜牺牲所有。美式淡色爱尔的口味并不比普通IPA弱，它应易饮，具有丰满的酒体和较好的麦芽特性。和其他美国啤酒一样，它的酒花至关重要。但设计该类啤酒时，酒花并非最重要的因素。

该实例吸取了美国最著名啤酒的一些酿造秘诀，只使用一种西楚酒花。西楚酒花非常棒，世纪酒花也能达到同样的效果。干投初期，酒花特性会干扰麦芽的主体风味。通常来说，如果一个方面复杂，则要保证其他方面简单。

目标值：

初始比重	1.059~1.061
最终比重	1.010~1.014
酒精度（体积分数）	6.2%~6.4%
苦味值	48IBUs
色度	15EBC

批次规模	20L
估计效率	65%

谷物清单	
浅色麦芽（美国二棱）	82%-5kg
慕尼黑麦芽	8.2%-500g
焦香比尔森麦芽 （焦香泡沫麦芽；糊精麦芽）	3.3%-200g
水晶麦芽	3.3%-200g
黑麦芽	3.3%-200g

酒花	
西楚（12% α-酸）	在 第一麦汁添加酒花-20g
西楚（12% α-酸）	煮沸10分钟-20g
西楚（12% α-酸）	煮沸5分钟-30g
西楚（12% α-酸）	香味浸渍-80g
西楚（12% α-酸）	干投酒花-50g

酵母

任何英国爱尔酵母，比如Safale S-04、WLP002或者Wyeast 1968

可替代酵母：适于酿造佐餐啤酒的英国爱尔干酵母，或者怀特实验室WLP007酵母、Wyeast 1098、Mangrove Jacks m07

其他配料

1片絮凝片（爱尔兰苔藓）

准备好酵母，清洗准备好酿酒装备。

26L水加热至69.5℃。

投料，保持糖化温度为64.5~65℃ 60~90分钟。

糖化结束——加热至75℃。

用4L75℃水洗糟，以达到预加热麦汁体积，但不要超过25L。

在第一麦汁内添加酒花，煮沸麦汁60分钟，煮沸结束之前15分钟添加澄清剂。在煮沸结束之前10分钟和5分钟分别添加酒花。

冷却啤酒至75~79℃添加香型酒花，浸泡30分钟，温度不要超过79℃。

冷却麦汁至18℃，检测初始比重，可以添加无菌水，以达到预期初始比重。

转移麦汁至干净发酵桶，给麦汁充氧，并接种准备好的酵母。

主发酵温度控制在18~20℃保持2周，直到连续3天检测的比重相同。

转移至二次发酵桶，干投酒花，保持3天。

装瓶，并添加白蔗糖，添加量为110g，以保证获得2.4~2.5倍体积的二氧化碳。

MODE
TARE
ON
OFF

超级IPA

这个配方确实令我兴奋。与大多数从事家酿的人一样，我酿造IPA的数量远超其他啤酒，这可能是我酿造的最好的啤酒。如果操作得当，会酿造出最令人吃惊的啤酒。

关键在于添加了很多很多酒花，你向啤酒中放满酒花以致大量的柑橘香和菠萝味让你大脑停止转动。有时品尝IPA就像在冥想，抿一小口，你无法完全领会它的妙处，但马上，你就会感慨世界上的其他事情都没有它美好。

家酿书籍中的大部分配方都有三个以上的问题造成的酒花缺陷。香气浸渍、干投酒花能使啤酒产生更多香气而不增加苦味。IPA口味应该很苦，但并非不可接受，苦味应与新鲜、干爽口味相平衡，也应与酒体平衡。有些许饼干味和面包味是好的，因此宜选择慕尼黑麦芽和玛丽斯奥特麦芽。

目标值：

初始比重	1.058~1.062
最终比重	1.008~1.010
酒精度（体积分数）	6.8%~7%
苦味值	61IBUs
色度	10EBC

批次规模	20L
估计效率	65%

谷物清单

玛丽斯奥特（Maris Otter）麦芽	80.4%-4.5kg
慕尼黑麦芽	8.9%-500g
燕麦片	3.6%-200g
白糖	7.1%-400g

酒花

哥伦布（哥伦布、战斧、宙斯）（14% α-酸）	在第一麦汁加酒花25g
西姆科（12.3% α-酸）	煮沸10分钟-25g
亚麻黄（8.5% α-酸）	煮沸10分钟-25g
亚麻黄（8.5% α-酸）	煮沸10分钟-25g
西姆科（12.3% α-酸）	香味浸渍-25g
哥伦布（战斧，宙斯；14% α-酸）	香味浸渍-25g
世纪（10% α-酸）	香味浸渍-50g
世纪（10% α-酸）	干投酒花-50g
亚麻黄（8.5% α-酸）	干投酒花-50g
西姆科（12.3% α-酸）	干投酒花-50g

酵母

西海岸爱尔酵母，比如US-05、WLP001或者Wyeast1056

其他配料

1片爱尔兰苔藓片

准备好你所选择的酵母，酿造这种类型的啤酒，宜提高酵母接种量。清洗准备好酿造设备。

将25L水加热至69.5℃。

投料，保持糖化温度为64.5℃ 60~75分钟。

糖化结束——加热至75℃。

用6L75℃水洗糟，以达到预加热麦汁体积，但不要超过26L。

在第一麦汁内添加酒花，麦汁煮沸60分钟。煮沸结束之前10分钟添加酒花。

冷却啤酒至75~79℃，并添加大量香型酒花，浸泡30分钟，温度不要超过79℃。

冷却麦汁至18℃。可以添加无菌水，以达到预期初始比重。

转移麦汁至干净发酵桶，给麦汁充氧，并接种准备好的酵母。

主发酵温度控制在18~20℃保持2周，直至连续3天检测的比重都相同。转移至二次发酵桶，干投酒花，保持3天。

装瓶，并添加白砂糖，添加量为110g，以保证获得2.4~2.5倍体积的二氧化碳。

热带淡色爱尔

如果我以后想经营一家啤酒厂时，想让这款啤酒成为生产线的主打啤酒，并不是因为我迷恋它，也不是因为这款啤酒闻起来像热带水果饮料Lilt，而是因为没人做这种类型的家酿啤酒。

这种类型的啤酒，酒体淡薄，很新鲜而且酒花味突出，与IPA强度相同。尽管酒花添加量很大，但苦味依然很低。一般来说，苦味低的啤酒往往给人的感觉是不太平衡，但是这种类型的啤酒却并不是，因为它很干爽。燕麦带来的适口性使它尝起来并不寡淡。

我从未喝过这种类型的啤酒，酒花香味浓烈，每次小口品尝之后，你会想要再来一小口。你也来酿造它，品尝它吧。

目标值：

初始比重	1.058~1.062
最终比重	1.006~1.010
酒精度（体积分数）	7%~7.2%
苦味值	35IBUs
色度	10EBC

批次规模	20L
估计效率	65%

谷物清单

优质浅色玛丽斯奥特（Maris Otter）麦芽	81.8%-4.5kg
慕尼黑麦芽	5.5%-300g
燕麦片	3.6%-200g
白糖	9.1%-500g

酒花

西楚（14.2% α-酸）	煮沸15分钟-20g
西楚（14.2% α-酸）	煮沸10分钟-20g
西楚（14.2% α-酸）	煮沸5分钟-30g
西楚（14.2% α-酸）	香味浸渍-30g
马赛克（11.2% α-酸）	香味浸渍-100g
亚麻黄（8.5% α-酸）	干投3天-50g

酵母

西海岸爱尔酵母，比如US-05，WPL001 或者Wyeast 1056
可选择：佛蒙特州爱尔酵母

其他配料

1片爱尔兰苔藓片（比如Protofloc或Whirlfloc）

准备好酵母，清洗准备好酿酒装备。

25L水加热至69.5℃。

投料，保持糖化温度为64.5℃ 60~75分钟。

糖化结束——加热至75℃。

用6L75℃水洗糟，以达到煮沸前麦汁体积，但不要超过26L。

麦汁煮沸时间75分钟，煮沸结束之前15分钟、10分钟和5分钟分次添加酒花，煮沸的第15分钟添加絮凝片。

冷却麦汁至75~79℃，并添加大量的香型酒花，浸泡30分钟，温度不要超过79℃。

冷却麦汁至18℃，可以加入无菌水，以达到预期的初始比重。

转移麦汁至干净发酵桶，给麦汁充氧，并接种准备好的酵母。

主发酵温度控制在18~20℃保持2周，确保连续3天检测的麦汁比重完全相同，这种类型的啤酒不宜高温太久。

转移至二次发酵桶，干投酒花，保持3天。

装瓶，并添加白蔗糖，添加量为110g，以保证获得2.4~2.5倍体积的二氧化碳。

美式帝国IPA

看呐，这一款是啤酒中的老大。想到这款啤酒，就会想起“酒花”，没有什么事可以将你从酒花上移开。很多人想尝试酿造更甜或麦芽香更突出的帝国（双料）IPA，结果都没有成功。酒体要干爽，否则可饮性会较差。

这款啤酒最复杂的部分来源于酒花。当设计该类型啤酒的配方时，谷物配比应该是“浅色麦芽和10%的糖”，目的是为了突出酒花香味，赋予啤酒人们所能接受的最大苦味。

你不要太计较成本。

目标值：

初始比重	1.080~1.082
最终比重	1.008~1.012
酒精度（体积分数）	9.2%~9.4%
苦味值	108IBUs
色度	8EBC

批次规模	20L
估计效率	65%

谷物清单

美国二棱浅色麦芽	91.3%-6.8kg
白糖	8.7%-650g

酒花

勇士（15% α-酸）	第一麦汁添加酒花-75g
西楚（12% α-酸）	香味浸渍-50g
世纪（10% α-酸）	香味浸渍-50g
亚麻黄（8.5% α-酸）	香味浸渍-50g
西姆科（13% α-酸）	香味浸渍-100g
勇士（15% α-酸）	干投3天-25g
西楚（12% α-酸）	干投3天-50g
世纪（10% α-酸）	干投3天-50g
亚麻黄（8.5% α-酸）	干投3天-50g

酵母

西海岸爱尔酵母，比如US-05、WPL001 或者Wyeast1056等

其他配料

1片爱尔兰苔藓片（比如Protofloc或Whirlfloc）

准备好所选择的酵母，需要准备很多酵母。清洗准备好酿造设备。

27L水加热至69.5℃。

投料，保持糖化温度为64.5℃ 75~90分钟。

糖化结束——加热至75℃。

用6L75℃水洗糟，以达到煮沸前麦汁体积，但不要超过27L。

在第一麦汁内添加酒花，并煮沸麦汁60分钟。煮沸结束之前15分钟添加絮凝片。

冷却麦汁至75~79℃，并添加大量的香型酒花，浸泡30分钟，温度不要超过79℃。

冷却麦汁至18℃，可以添加无菌水，达到预期的初始比重。

转移麦汁至干净发酵桶，给麦汁充氧，并接种准备好的酵母。

主发酵温度控制在18~20℃，保持2周。直到连续3天检测的比重相同，这种类型的啤酒不宜高温太久。

转移至二次发酵桶，干投酒花，保持3天。

装瓶，并添加白蔗糖，添加量为110g，以保证获得2.4~2.5倍体积的二氧化碳。

蚊子琥珀爱尔

IPA口味干爽，淡色爱尔则呈现麦芽香味。美国琥珀啤酒的麦芽香味也很浓郁，但往往具有不协调的焦糖味，要想去掉焦糖味，在选择酒花时需要有限制。不必刻意限制酒花的用量（我使用了大量酒花），主要取决于它们所带来的风味。你应该选择一些简约风味的酒花，选择一款与糖蜜特征适配的，它就是大麻香酒花。

大麻香是酿酒界人所共知的词汇。它描述了优质烟草的香味，但是大麻香酒花比烟草味还要好，大麻香酒花和非法的大麻同属于大麻家族。我的一个朋友曾在花园里种植大麻香酒花，因而警察已经过来质问过两次了。

目标值：

初始比重	1.060~1.064
最终比重	1.012~1.016
酒精度（体积分数）	6.1%~6.4%
苦味值	41IBUs
色度	30EBC

批次规模	20L
估计效率	70%

谷物清单

玛丽斯奥特（Maris Otter）浅色麦芽	52.6%-3kg
慕尼黑麦芽	35.1%-2kg
水晶麦芽	4.4%-250g
浅色水晶麦芽	4.4%-250g
特种麦芽B	3.5%-200g

酒花

哥伦布（战斧，宙斯；14% α-酸）	第一麦汁添加酒花-15g
奇努克（13% α-酸）	煮沸15分钟-10g
哥伦布（战斧，宙斯；14% α-酸）	煮沸10分钟-10g
奇努克（13% α-酸）	煮沸5分钟-10g
哥伦布（战斧，宙斯；14% α-酸）	香味浸渍-45g
奇努克（13% α-酸）	香味浸渍-50g
哥伦布（战斧，宙斯；14% α-酸）	干投-30g
奇努克（13% α-酸）	干投-30g

酵母

西海岸爱尔酵母，比如US-05、WPL001 或者Wyeast1056等

其他配料

1片爱尔兰苔藓片（比如Protofloc或Whirlfloc）

准备好所选择的酵母，清洗准备好酿造设备。

26L水加热至71℃。

投料，保持糖化温度为66℃ 60分钟。

糖化结束——加热至75℃。

用4L75℃水洗糟，达到煮沸前麦汁体积，但不要超过25L。

在第一麦汁内添加酒花，并煮沸麦汁60分钟。煮沸结束之前15分钟、10分钟、5分钟添加酒花。煮沸第15分钟添加絮凝片。

冷却啤酒至75~79℃，并添加香型酒花，浸泡30分钟，温度不要超过79℃。

冷却麦汁至18℃，可以添加无菌水，以达到期望的初始比重。

转移麦汁至干净发酵桶，给麦汁充氧，并接种准备好的酵母。

主发酵温度控制在18~20℃保持2周，直到连续3天检测的比重完全相同。

转移至二次发酵桶，干投酒花，保持3天。

装瓶，并添加白蔗糖，添加量为110g，以保证获得2.4~2.5倍体积的二氧化碳。

储藏柜美式棕色爱尔

这款啤酒诞生于某次晚餐后只有几杯葡萄酒可喝的情况下，我需要快速着手酿造啤酒。我最近购买了小型酿造系统，并酿造了大量的世涛。我有巧克力麦芽、琥珀麦芽、水晶麦芽以及大袋的玛丽斯奥特（Maris Otter）麦芽。还有什么借口不去酿造棕色爱尔？

我仅有的酒花是新鲜的哥伦布和半包不太好的世纪酒花，我有一小袋US-05干酵母。美妙之处在于对这款啤酒的冲动，它多久能酿好（多亏了我的微型设备，只需要3小时）以及它产出后有多棒。它有巧克力、焦糖和饼干味。口味干爽，富含大麻香气和酒花树脂香，堪称完美。

我一直憧憬着酿造完美无缺的啤酒，但现在我冰箱中总贮存着干酵母，在冷冻层存放着酒花，以备我某晚有酿造冲动之需。

目标值：

初始比重	1.054~1.056
最终比重	1.010~1.014
酒精度（体积分数）	5.8%~6.2%
苦味值	32IBUs
色度	52EBC

批次规模	20L
估计效率	70%

谷物清单

玛丽斯奥特（Maris Otter）浅色麦芽	76.1%-4kg
水晶麦芽	9.5%-500g
琥珀麦芽	5.7%-300g
巧克力麦芽	4.8%-250g
燕麦片	3.9%-200g

酒花

哥伦布（战斧，宙斯；16% α-酸）	煮沸10分钟-30g
哥伦布（战斧，宙斯；14% α-酸）	煮沸5分钟-30g
哥伦布（战斧，宙斯；14% α-酸）	香味浸渍-100g
世纪（10% α-酸）	香味浸渍-40g

酵母

西海岸爱尔酵母，比如US-05、WPL001 或者Wyeast1056

其他配料

1片爱尔兰苔藓片（比如Protofloc或Whirlfloc）

准备好酵母，清洗准备好酿酒装备。

24L水加热至71.5℃。

投料，保持糖化温度为66℃ 60分钟。

糖化结束——加热至75℃。

用4L75℃水洗糟，以达到煮沸前麦汁体积，但不要超过25L。

煮沸麦汁60分钟，煮沸结束之前10分钟、5分钟分别添加酒花，煮沸第15分钟添加澄清剂。

冷却啤酒至75~79℃，并添加香型酒花，浸泡30分钟，温度不要超过79℃。

冷却麦汁至18℃，可以添加无菌水，以达到期望的初始比重。

转移麦汁至干净发酵桶，给麦汁充氧，并接种准备好的酵母。

主发酵温度控制在18~20℃，保持2周，确保三天内检测的比重完全相同。这种类型的啤酒不宜高温太久。

装瓶，并添加白蔗糖，添加量为110g，以保证获得2.4~2.5倍体积的二氧化碳。

美式大麦酒

与大多数美式啤酒一样，它是英国原版的修改版，但口味更有冲击性、更强烈、更苦。

现代版本的大麦酒相当可口，口感强烈而且酒花味充足。大麦酒与双料IPA的区别是它的甜度和酒体，酒体更丰满，口味也更复杂。尽管香味足，但它很容易老化。

随着时间的流逝，酒花特性变得成熟，而且你能感受到很多原本没有的风味，高级醇已经转变成美味的酯类物质。由于酵母施展魔力，你还会品尝到雪利酒般的复杂风味，还会夹杂一些氧化味。

我稍微强调一下老化，如果你想将这种酒保存很长时间，那么，装瓶和转桶时避免氧气进入啤酒中是极其重要的。

目标值：

初始比重	1.092~1.096
最终比重	1.016~1.020
酒精度（体积分数）	9.8%~10.2%
苦味值	100IBUs
色度	27EBC

批次规模	20L
估计效率	60%

谷物清单

玛丽斯奥特（Maris Otter）浅色麦芽	90%-9kg
水晶麦芽	5%-500g
琥珀麦芽	2%-200g
燕麦片	3%-300g

酒花

勇士（15% α-酸）	第一麦汁加酒花-50g
亚麻黄（8.5% α-酸）	煮沸10分钟-50g
奇努克（13% α-酸）	煮沸5分钟-50g
亚麻黄（8.5% α-酸）	香味浸渍-50g
奇努克（13% α-酸）	香味浸渍-50g

酵母

西海岸爱尔酵母，比如US-05、WPL001 或者Wyeast 1056

其他配料

1片爱尔兰苔藓片（比如Protofloc或Whirlfloc）

准备好选择的酵母，要准备比较多的酵母。清洗准备好酿造设备。

28L水加热至72℃。

投料，保持糖化温度为66℃ 60~75分钟。

糖化结束——加热至75℃。

用8L75℃水洗糟，以达到煮沸前麦汁体积，但不要超过25L。

在第一麦汁内添加酒花，并煮沸麦汁60分钟。煮沸结束之前10分钟、5分钟添加香型酒花。煮沸第15分钟添加澄清剂。

冷却啤酒至75~79℃，并添加香型酒花，浸泡30分钟，温度不要超过79℃。

冷却麦汁至18℃，可以添加无菌水，以达到期望的初始比重。

转移麦汁至干净发酵桶，给麦汁充氧，并接种准备好的酵母。

主发酵温度控制在18~20℃保持2~3周，确保三天内检测的比重完全相同。

装瓶，并添加白蔗糖，添加量为120g，以保证获得2.5~2.7倍体积的二氧化碳。在室温下，至少贮藏4周。

加州大众啤酒

这是一款混合啤酒，介于爱尔和拉格之间。如果你喜欢拉格，你也会想要酿造这款啤酒，它像琥珀拉格啤酒，但使用了爱尔酵母。这种酵母分离自旧金山铁锚酒厂，发酵性能非常棒。你绝对需要它。

近期，我参观了一家酿造这款啤酒的啤酒厂，但是使用的却是丹星（Danstar）公司的诺丁汉酵母，这可能不是适合使用该酵母，该酵母在22℃发酵3天再冷贮4周，发酵便结束，啤酒口味很差。

我酿造的这款加州大众啤酒与上述不同，酒体呈琥珀色，具有很明显的新鲜烤面包味。我采用了英国玛丽斯奥特麦芽，而不是传统的美国二棱麦芽，添加量甚多。酵母赋予了啤酒麦芽香味、水果味，但是你需要悉心酿造才能使啤酒呈现上述风味，这种酵母最高发酵温度为19℃，在14~18℃最合适。

如果你喜欢，可以用传统北酿酒花替换现有酒花，但少量的哈拉道酒花就可以产生良好的风味，超越原始版本。

目标值：

初始比重	1.052~1.056
最终比重	1.016~1.018
酒精度（体积分数）	4.8%~5.2%
苦味值	37IBUs
色度	17EBC

批次规模	20L
估计效率	70%

谷物清单

玛丽斯奥特（Maris Otter）浅色麦芽	90.9%-4.5kg
水晶麦芽	5.1%-250g
琥珀麦芽	4%-200g

酒花

中早熟哈拉道（4% α-酸）	第一麦汁添加酒花-50g
中早熟哈拉道（4% α-酸）	煮沸15分钟-50g
中早熟哈拉道（4% α-酸）	香味浸渍-50g

酵母

旧金山拉格酵母（加州拉格酵母-WLP810，Wyeast2112）

其他配料

1片爱尔兰苔藓片（比如Protofloc或Whirlfloc）

准备好选择的酵母，确定所选择的酵母为拉格酵母，你需要很多酵母制备发酵剂。清洗准备好酿造设备。

24L水加热至71℃。

投料，保持糖化温度为65℃60~75分钟。

糖化结束——加热至75℃。

用6L75℃水洗糟，以达到煮沸前麦汁体积，但不要超过24L。

在第一麦汁内添加酒花，并煮沸麦汁60分钟。煮沸结束之前15分钟添加风味酒花和澄清剂。

冷却啤酒至75~79℃，并添加香型酒花，浸泡30分钟，温度不要超过79℃。

冷却麦汁至18℃，可以添加无菌水，以达到期望的初始比重。

转移麦汁至干净发酵桶，给麦汁充氧，并接种准备好的酵母。

主发酵温度控制在18~20℃保持2~3周，三天内确保检测的比重完全相同。

装瓶，并添加白蔗糖，添加量为110g，以保证获得2.4~2.5倍体积的二氧化碳。

欧洲爱尔

接下来的配方是一些真正经典的比利时和德国啤酒配方。除了赞扬它们的卓越，我无话可说，千万不要混淆这些大量的配方，如果不小心混淆，你就可能毁坏其微妙和平衡性。这些配方很经典，长期以来以同样的方式酿造，有其必然理由。就像你不会向波尔多葡萄酒中添加辛香料，对吧?

需要注意的一件事是，不像之前美式或者英式的配方，以这些配方酿造啤酒时，需要控制好发酵温度。比利时酵母起发很快，能产生很多热量。如果前几天不能保持在较低温度下，会产生很多高级醇；如果之后不让温度升高，也许就不能获得期待的啤酒特色；如果发酵结束之前不能让温度降下去，啤酒就会有甜味，且发酵度较低。

比利时金发女郎啤酒

在所有我介绍的比利时啤酒中，这款是最适合餐厅饮用的，但是其酒精含量仍在6%以上，故对厌烦烈性口味的人士，我表示歉意。

这种啤酒接近于白色，丁香味啤酒，泡沫很好，杀口力强。配方很简单，与其他的比利时金发女郎啤酒配方接近，所有啤酒特点来自于发酵条件，故酵母是影响啤酒最终结果的最重要的因素。比利时酵母是容易上手的酵母，这款啤酒是初学者最好的选择。

酿造目标很明确：为了保持酵母活性，前两天发酵温度要低，不要让发酵温度达到20℃（此时酵母会迅速生长）。之后解除对温度的控制，让温度自然升高，只有温度达到24~26℃才进行控制。

一旦温度达到最高，若你想维持在该温度，最容易的方法就是用浸泡式加热器或玻璃缸来加热一缸水，再将发酵桶浸入其中。若温度下降，啤酒发酵度将较低，此时酵母将会絮凝，但有些糖却未被利用，此时啤酒口味较甜，甜的比利时啤酒一定是糟糕的比利时啤酒！

目标值：

初始比重	1.054~1.058
最终比重	1.006~1.010
酒精度（体积分数）	6.4%~6.6%
苦味值	22IBUs
色度	8EBC

批次规模	20L
估计效率	70%

谷物清单

比利时浅色麦芽	81.6%-4kg
小麦芽	10.2%-500g
白糖	8.2%-400g

酒花

泰特昂（4.5% α-酸）	第一麦汁添加酒花-20g
萨兹（4% α-酸）	煮沸30分钟-20g
萨兹（4% α-酸）	煮沸10分钟-20g

酵母

比利时修道院酵母。我倾向于使用西麦尔酵母（WLP530，Wyeast 3787），但是智美酵母（WLP500，Wyeast 1214）或者是罗斯福酵母（WLP540，Wyeast 1762）也是不错的选择

可替代的酵母：比利时干酵母，比如Mangrove Jacks 比利时爱尔酵母或者Safbrew 修道院酵母

其他配料

1片爱尔兰苔藓片（比如Protofloc或Whirlfloc）

准备好选择的酵母，清洗准备好酿造设备。

24L水加热至69℃，根据所得到的水的指标进行合适水处理。

投料，保持糖化温度为65℃60分钟。

糖化结束——加热至75℃。

用4L75℃水洗糟，以达到煮沸前麦汁体积，但不要超过23L。

在第一麦汁内添加酒花和糖，煮沸麦汁60分钟。煮沸结束之前30分钟和10分钟分别添加风味酒花。

冷却麦汁至18℃，检测初始比重，可以添加无菌水，以达到期望的初始比重。

转移麦汁至干净发酵桶，给麦汁充氧，并接种准备好的酵母。

主发酵温度控制在18℃，进行2~3天的旺盛发酵，然后关闭冷却，使温度自由升高，但是不要让温度超过26℃，无论上升到多少温度，保持此温度，直到连续3天检测的比重完全相同。

装瓶，并添加白蔗糖，添加量为140g，以保证获得3倍体积的二氧化碳。

修道院双料啤酒

如果必须选择一款能够代表修道院类型的啤酒，我首选修道院双料啤酒。

这些深色啤酒显著的特征是不过于强烈，但也绝不淡薄。其口味主要来自于两部分：深色“candi”糖和经典的修道院型酵母。“candi”糖和经典修道院型酵母的组合赋予了啤酒辛香、深色酒体、具有李子和葡萄干等干果味道的特征。

大多数家酿配方的谷物组合比较奇怪复杂，并搭配有多种美国、英国和比利时的水晶麦芽，多数配方甚至还有巧克力麦芽以及少许香辛料。这些尝试不会酿造出坏啤酒，只是想要模仿修道院啤酒厂的神圣氛围。

但是，酿造好的啤酒并不神秘。你在家也完全可以酿造出和修道士一样好喝的手工啤酒，而且也没用其他什么东西。保持配方的简单性，发酵的前几天要多注意温度。

目标值：

初始比重	1.066~1.068
最终比重	1.004~1.008
酒精度（体积分数）	7.8%~8.2%
苦味值	23IBUs
色度	70EBC

批次规模	20L
估计效率	70%

谷物清单

比利时浅色麦芽	66.7%-4kg
小麦芽	8.3%-500g
焦香慕尼黑麦芽	8.3%-500g
深色冰糖	16.7%-1kg

酒花

中早熟哈拉道（4% α-酸）	第一麦汁添加酒花-30g
中早熟哈拉道（4% α-酸）	煮沸20分钟-30g

酵母

比利时修道院酵母。这款啤酒，我喜欢罗斯福酵母（WLP540、Wyeast 1762），但是你也可以使用西麦尔酵母（WLP530、Wyeast 3787）或者智美酵母（WLP500、Wyeast 1214）

可选择酵母：比利时干酵母，比如Safbrew或者Mangrove Jacks比利时爱尔

其他配料

1片爱尔兰苔藓片（比如Protofloc或Whirlfloc）

准备好选择的酵母，需要准备大量酵母，清洗准备好酿造设备。

24L水加热至69℃。根据水质报告，对水进行适宜的处理。

投料，保持糖化温度为65℃60分钟。

糖化结束——加热至75℃。

以4L75℃水洗糟，以达到煮沸前麦汁体积，但不要超过23L。

在第一麦汁内添加酒花和糖，煮沸麦汁75~90分钟。煮沸结束之前20分钟添加风味酒花。

冷却麦汁至18℃。检测初始比重，可以添加无菌水，以达到期望的初始比重。

转移麦汁至干净发酵桶，给麦汁充氧，并接种准备好的酵母。

主发酵温度控制在18~20℃，进行2~3天旺盛发酵，然后解除降温，使温度自由升高。不要让温度超过26℃，保持此温度，直到连续3天检测的比重完全相同这在接种两周后才能达成。

装瓶，并添加白蔗糖，添加量为120g，以保证获得2.7~2.8倍体积的二氧化碳。这种啤酒将受益于瓶内后贮，口味也将随时间而提升。

三料挑战

双料和四料啤酒都是深色啤酒，富含深色水果味，因此可能你期望的是一款同类型的三料啤酒。其实不然，这款啤酒酒体呈现金色、富含辛香，并且有更多苦味，有酒花香。

好的三料啤酒口味绝妙。高浓度发酵的啤酒让你爱不释口，充满整个口腔，该啤酒酵母所承受的压力高于其他绝大多数的啤酒，这要求酵母菌株长得很健壮，并且能产生复杂的酯类和高级醇。我最喜爱的是西麦尔酵母WLP530/ Wyeast3787。

酿造好三料啤酒的关键就是良好的发酵度，一定要让发酵温度比普通爱尔高，不能让刚刚上升的发酵温度再次降低。否则，酵母就会沉降到发酵桶底部，而只剩发酵不好的甜啤酒。

当你第一次酿造这款啤酒时，不要尝试添加任何香料，不管其他配方向你推荐多少香料。人们所感受到的风味有胡椒味或者香菜味，通常是正常发酵产生的。

目标值：

初始比重	1.074~1.078
最终比重	1.004~1.006
酒精度（体积分数）	9.4%~9.8%
苦味值	38IBUs
色度	7EBC

批次规模	20L
估计效率	70%

谷物清单

比利时浅色麦芽	72.6%-4.5kg
小麦芽	8.1%-500g
白糖	19.4%-1.2kg

酒花

斯蒂利亚戈尔丁（5.4% α-酸）	第一麦汁添加酒花-40g
中早熟哈拉道（4% α-酸）	煮沸30分钟-20g
中早熟哈拉道（4% α-酸）	煮沸15分钟-30g

酵母

比利时修道院酵母，比如西麦尔酵母（WLP530，Wyeast 3787），智美酵母（WLP500，Wyeast 1214）或者罗斯福酵母（WLP540，Wyeast 1762）

可选择酵母：比利时干酵母，比如Safbrew Abbaye或者Mangrove Jacks比利时爱尔酵母

其他配料

1片爱尔兰苔藓片（比如Protofloc或Whirlfloc）

准备好所选择的酵母，需要准备大量酵母，清洗准备好酿造设备。

24L水加热至69℃。根据水质报告，对水进行适当处理。

投料，保持糖化温度为64.5℃75分钟。

糖化结束——加热至75℃。

以4L75℃水洗糟，以达到煮沸前麦汁体积，但不要超过24L。

在第一麦汁内添加酒花和糖，煮沸麦汁90分钟，煮沸结束之前30分钟和15分钟分别添加风味酒花。

冷却麦汁至18℃。检测初始比重，可以添加无菌水，以达到期望的初始比重。

转移麦汁至干净发酵桶，给麦汁充氧，并接种准备好的酵母。

主发酵温度控制在18~20℃，进行2~3天旺盛发酵，然后解除降温，使温度自由升高。不要让温度超过26℃，保持温度，直到连续3天检测的比重完全相同，这在接种两周后才能达成。

装瓶，并添加白蔗糖，添加量为120g，以保证获得2.7~2.8倍体积的二氧化碳。这种啤酒瓶内后贮和陈贮会变得更好。

四料啤酒

这款啤酒是一款无耻的商业复制品。我不会感到羞愧，因为这款啤酒复制的是在世界上得到最高赞美的啤酒。

Trappist Westvleteren 12是由比利时韦斯特勒行的圣西克斯图斯修道院的僧人酿造的一款啤酒。它是6个经典修道院啤酒厂之一，是全球11个修道院啤酒厂之一（截止到写作时间）。

从1946年开始，该啤酒厂产量便不再增加，它一年只生产6000箱啤酒，比同行西麦尔修道院低4%。购买这种啤酒唯一的方法是打电话，提前一段预约时间，并亲自上门取货。电话预约简直就是噩梦，该啤酒只在某几天可以购买，而且只能买有限的酒，你能购买的最低量是一箱（24瓶，售价达到40欧元），他们会记录你的驾照，两月之内不会再卖啤酒给你，它们不允许你卖给第三方。

尽管如此，仍有黑市存在，每瓶能卖到20欧元，如果经过贮存，就可以卖更高价格。我一直质疑，其高价格和稀缺性是大肆宣传造成的结果。的确，酒龄短的Westvleren很粗糙，充满高级醇味。这是因为当发酵温度达到30℃，僧人才开始控制发酵温度。

在一个醉酒的晚上，我承认了这款酒是世界上最好的啤酒。那天晚上，我们喝了世界上最好的几款啤酒。刚分享了一款陈贮的世界上最稀有的、最著名的酸啤酒之一Cantillon Lou Pepe樱桃啤酒之后我们打开了一瓶贮存一年之久的Westvleren，依次品尝，房间内6个人都保持沉默，没有人说话，之后一个人喃喃自语、赞赏有加。没人能想像它有多棒，它超越了那天晚上所有的啤酒，我的世界从那时起开始改变了。

为什么这款神秘的Westvleteren啤酒如此难于复制？配方众所周知，而且极其简单，与其他产品一样，可以使用相同的麦芽、酒花、糖和酵母，水质硬度也可以通过添加石灰石来增加。我认为，这都取决于发酵温度。

我承认，我从没将其他比利时啤酒达到Westvleteren的发酵温度，因为会不可避免地产生大量高级醇，使啤酒口味强烈、粗糙。但几年之后，高级醇会转变为酯类，酯类使得Westvleteren口感变得复杂。如果你也想要这么棒的风味体验，你必须能忍受将次佳啤酒的陈贮一年时间。

发酵温度多低取决于你，这会成就一款充分饱和二氧化碳的好啤酒。但是，要调高发酵温度吗？你能忍受淡薄吗？你可能会，仅仅是可能，得到一款无与伦比的啤酒。

目标值：

初始比重	1.088~1.092
最终比重	1.010~1.014
酒精度（体积分数）	10.2%~10.6%
苦味值	34IBUs
色度	7EBC

批次规模	20L
估计效率	70%

谷物清单

比利时比尔森麦芽	40.5%-3kg
比利时浅色麦芽	40.5%-3kg
深色比利时冰糖	18.9%-1.4kg

酒花

北酿（8.5% α-酸）	第一麦汁添加酒花-26g
斯塔利亚戈尔丁（5.4% α-酸）	煮沸30分钟-20g
中早熟哈拉道（4% α-酸）	煮沸15分钟-20g

酵母

西麦尔酵母（WLP530，Wyeast3787）

如果想改变，你可以培养圣伯纳6号啤酒中的Westoleteren原始酵母

其他配料

1片爱尔兰苔藓片（比如Protofloc或Whirlfloc）

准备好大量所选择的酵母，清洗准备好酿造设备。

25L水加热至70℃。根据水质报告，对水进行适宜处理。

投料，保持糖化温度为65℃75分钟。

糖化结束——加热至75℃。

以6L75℃水洗糟，以达到煮沸前麦汁体积，但不要超过24L。

在第一麦汁内添加酒花和糖，煮沸麦汁90分钟，煮沸结束之前30分钟和15分钟分别添加风味酒花。

冷却麦汁至18℃。检测初始比重，可以添加无菌水，以达到期望的初始比重。

转移麦汁至干净发酵桶，给麦汁充氧，并接种准备好的酵母。

主发酵温度控制在18~20℃，进行2天旺盛发酵，然后解除降温，使温度自由升高，直到温度达到30℃时再降温，保持所在温度，直到连续3天检测的比重完全相同。这会用去自接种后的2~3周时间。

装瓶，不能接触氧，并添加白蔗糖，添加量为120g，以达到接近2.7~2.8倍体积的二氧化碳，这种啤酒口味随时间提升。

塞松

塞松酵母所酿啤酒口味最明显，它包含比如泥土、辛辣和水果等各种风味，这些风味全部来源于酵母。

塞松在法语里是“季节”的意思，之所以这样命名这款啤酒，是因为它是在比利时南部讲法语的农民在淡季酿造的，然后贮存到旺季给农民解渴用的。

塞松一定要口味干爽，这有点困难，因为这种酵母“喜怒无常”，在发酵过程中会中途停滞。正因如此，你会想到让发酵温度不断上升，以便啤酒达到较高的发酵度，并具有良好的酵母特性。这款啤酒的发酵温度可以高达32℃。在酵母因高温死去后，你可能想加一些干净的“收尾酵母”。如果你还无法接受酒香酵母等的缺陷，那就选择香槟酵母吧。

目标值：

初始比重	1.058~1.062
最终比重	1.008~1.010
酒精度（体积分数）	6.3%~6.5%
苦味值	30IBUs
色度	7EBC

批次规模	20L
估计效率	70%

谷物清单

比利时比尔森麦芽	90.9%-5kg
未发芽的小麦	5.5%-300g
白糖	3.6%-200g

酒花

萨兹（4% α-酸）	第一麦汁添加酒花-30g
萨兹（4% α-酸）	煮沸30分钟-20g
萨兹（4% α-酸）	煮沸15分钟-30g

酵母

塞松酵母，比如WLP565，Wyeast 3724或者Danstar Belle Saison

香槟干酵母

准备好选择的酵母，清洗准备好酿造设备。

24L水加热至70℃。根据水质报告，对水进行适宜处理。

投料，保持糖化温度为64.5℃90分钟。

糖化结束——加热至75℃。

以4L75℃水洗糟，以达到煮沸前麦汁体积，但不要超过24L。

在第一麦汁内添加酒花和糖，煮沸麦汁90分钟，煮沸结束之前30分钟和15分钟分别添加风味酒花。

冷却麦汁至18℃。检测初始比重，可以添加无菌水，以达到期望的初始比重。

转移麦汁至干净发酵桶，给麦汁充氧，并接种准备好的塞松酵母。

主发酵温度控制在18~20℃，进行2天旺盛发酵。之后，关停冷却，使发酵温度自由升高。一旦达到将要的温度，开启加热至30~32℃。不要让温度下降，直到酵母活力下降，通常需要7~10天。

一旦酵母沉降，转移麦汁至第二个发酵桶，并接种香槟酵母，该酵母至少在发酵液里呆1周，或者直到3天内检测的相对密度完全相同。

装瓶，并添加白蔗糖，添加量为150g，以保证获得3倍体积的二氧化碳。

比利时烈性金色爱尔

我在犹豫是否参考三料啤酒和强烈金色爱尔啤酒的配方，因为它们是非常类似的啤酒：都使用比利时酵母菌株、都是淡色啤酒、酒体都比较干爽。上述特征是因为它们都添加了糖类。

在细节方面两种啤酒有区别，以至于总体上呈现不同体验。应该尽可能地将烈性金色爱尔酿造为浅色，比三料啤酒要稍淡薄（但不能无味），并具有细微的酵母特征。当饮用这款啤酒时，也不应明显感到酒花特征。

为了酿造出出类拔萃的啤酒，需要严格遵循这个配方。配方就这么简单，以至于无可隐瞒。一个有趣的想法是：如果想酿造一款令人敬畏、令人上瘾的超级拉格（比如苏格兰超级Tennents或者丹麦嘉士伯特酿Carlsberg Special），只需要改变一下配方中的酵母就可以了。其所有的特性都是发酵过程产生的。

目标值：

初始比重	1.070~1.074
最终比重	1.004~1.008
酒精度（体积分数）	8.8%~9%
苦味值	30IBUs
色度	7EBC

批次规模	20L
估计效率	70%

谷物清单

比利时比尔森麦芽	83.3%-5kg
白糖	16.7%-1kg

酒花

萨兹（4% α-酸）	第一麦汁添加酒花-50g
萨兹（4% α-酸）	煮沸15分钟-25g
萨兹（4% α-酸）	煮沸1分钟-25g

酵母

比利时金色爱尔，比如WLP570或者Wyeast1388

可选择酵母：比利时干酵母，比如Mangrove Jacks比利时爱尔或者Safbrew T-58

其他配料

1片爱尔兰苔藓片（比如Protofloc或Whirlfloc）

准备好选择的酵母，清洗准备好酿造设备。

25L水加热至69℃。根据水质报告，对水进行适宜处理。

投料，保持糖化温度为64.5℃75~90分钟。

糖化结束——加热至75℃。

以4L75℃水洗糟，以达到煮沸前麦汁体积，但不要超过23L。

在第一麦汁内添加酒花和糖，煮沸麦汁90分钟，煮沸结束之前15分钟和1分钟分别添加香型酒花。

冷却麦汁至18℃。检测初始比重，可以添加无菌水，以达到期望的初始比重。

转移麦汁至干净发酵桶，给麦汁充氧，并接种准备好的酵母。

主发酵温度控制在18℃，进行2~3天旺盛发酵，然后解除降温，使温度自由升高。不要让温度超过26℃，保持温度，直到连续3天检测的比重完全相同。

装瓶，并添加白蔗糖，添加量为140g，以保证获得3倍体积的二氧化碳。

含酵母的小麦啤酒

这是一款德国小麦啤酒，是一款经典的、但并不完全遵循本书所列酿造规范的啤酒。如果想酿造最好的小麦啤酒，应该减量接种酵母，并在达到最终相对密度时尽快装瓶。装瓶饱和二氧化碳后2周之后，这种啤酒的风味就能达到顶峰。

德国小麦啤酒酵母能带给啤酒两种强烈的风味：闻起来像香蕉的酯类和闻起来像丁香的酚类。如果接种酵母过多，或者接种的酵母量正好“合适”，所酿造的啤酒香蕉味很浓郁；如果接种酵母较少，会酿造出丁香味浓郁的啤酒。我做过很多次实验，接种各种数量的酵母，接种量减少1/3时，风味平衡最好，丁香味浓郁，最后还会有香蕉味。

在选择酵母时，只有一种选择：慕尼黑工大小麦酵母，它真的很棒而且无与伦比。

目标值：

初始比重	1.048~1.050
最终比重	1.010~1.014
酒精度（体积分数）	4.8%~5%
苦味值	12IBUs
色度	6EBC

批次规模	20L
估计效率	70%

谷物清单

德国比尔森麦芽	50%-2.2kg
德国小麦芽	50%-2.2kg

酒花

中早熟哈拉道（4% α-酸）	在第一麦汁添加酒花-16g
中早熟哈拉道（4% α-酸）	煮沸结束之前15分钟-16g

酵母

慕尼黑工大小麦爱尔，比如WLP300或者Wyeast 3608

可选择酵母：小麦干酵母，比如Mangrove Jacks巴伐利亚小麦或者Safbrew WB-06

准备好选择的酵母（只需要接种2/3酵母）。清洗准备好酿造设备。

24L水加热至69℃。根据水质报告，对水进行适宜处理。

投料，保持糖化温度为65℃60分钟。

糖化结束——加热至75℃。

以4L75℃水洗糟，以达到煮沸前麦汁体积，但不要超过22L。

在第一麦汁内添加酒花，煮沸麦汁75分钟，煮沸结束之前15分钟添加风味酒花。不要添加任何澄清剂。

冷却麦汁至18℃。检测初始比重，可以添加无菌水，以达到期望的初始比重。

转移麦汁至干净发酵桶，给麦汁充氧，并接种准备好的酵母。

主发酵温度控制在18~22℃保持1周，直到检测连续3天比重数值稳定。稳定后，进行装瓶。

装瓶，并添加白蔗糖，添加量为150g，以保证获得3倍体积的二氧化碳。最好在2个月内饮用完所酿造的啤酒。

香蕉太妃小麦博克啤酒

酿造小麦博克啤酒时，有两种方法。第一种是酿造一款更烈性的标准小麦啤酒。可以选择下面的配方，只是要使用更多麦芽，直到把初始相对密度调整为1.070，并正确接种酵母，就这么简单。我相信你能做到，你会酿造出与Weihenstephaner Vitus相类似的啤酒。

另一种方法是酿造一款深色小麦博克啤酒。过量接种酵母，酵母产生的强烈的香蕉味将会和深色麦芽所带来的焦糖味、深色水果味以及巧克力味融合在一起。尽管酒体干爽，但却是德国麦芽和英国麦芽的完美混合，品尝起来简直就像“香蕉太妃派”的味道。

一想到这款啤酒，我就迫不及待地想要酿造这款啤酒了，我的酿造锅在哪呢？

目标值：

初始比重	1.068~1.070
最终比重	1.014~1.018
酒精度（体积分数）	6.8%~7.2%
苦味值	20IBUs
色度	46EBC

批次规模	20L
估计效率	70%

谷物清单

德国小麦芽	47.6%-3kg
玛丽斯奥特（Maris Otter）麦芽	23.8%-1.5kg
慕尼黑麦芽	15.9%-1kg
浅色水晶麦芽	4.8%-300g
特种麦芽B	4.8%-300g
巧克力小麦芽	3.2%-200g

酒花

中早熟哈拉道（4% α-酸）	在第一麦汁添加酒花-30g
中早熟哈拉道（4% α-酸）	煮沸结束之前15分钟-30g

酵母

慕尼黑工大小麦爱尔，比如WLP300或者Wyeast 3608

可选择酵母：小麦干酵母，比如Mangrove Jacks巴伐利亚小麦或者Safbrew WB-06

准备所选择的酵母，你只需要接种所准备的酵母三分之一就足够了，这款啤酒突出香蕉风味。清洗准备好酿造设备。

26L水加热至70℃。根据水质报告，对水进行适宜处理。

投料，保持糖化温度为65℃60分钟。

糖化结束——加热至75℃。

以6L75℃水洗糟，以达到煮沸前麦汁体积，但不要超过22L。

在第一麦汁内添加酒花，煮沸麦汁60分钟，煮沸结束之前15分钟添加风味酒花。不要添加任何澄清剂。

冷却麦汁至18℃。检测初始比重，可以添加无菌水，以达到期望的初始比重。

转移麦汁至干净发酵桶，给麦汁充氧，并接种准备好的酵母。

主发酵温度控制在18~22℃1周，直到连续3天比重数值稳定。比重稳定后，进行装瓶。

装瓶，并添加白蔗糖，添加量为150g，以保证获得3倍体积的二氧化碳。

科隆啤酒

你说你是拉格啤酒爱好者？科隆啤酒则是不需要投资温度控制的、最接近拉格的一款啤酒。但是，好的科隆啤酒比其他拉格啤酒的水果味更加浓烈，同时还有新鲜、干净和后味干爽的特点。

我不应该用科隆这个词，听起来像是家酿起泡香槟葡萄酒。科隆是保护性词汇，它只能在德国科隆附近酿造。不过，这款啤酒就像科隆地区所酿造的啤酒。

因为我已经酿造过麦芽风味的混合型啤酒（加利福尼亚大众啤酒），我一直按照传统，使其颜色尽可能浅、口味也尽可能干爽。如果你想突出麦芽味，那么慕尼黑麦芽或者焦香比尔森麦芽就必不可少；如果你想采用其他方法，高达20% 的小麦芽也并非不可以。

目标值：

初始比重	1.048~1.050
最终比重	1.010~1.012
酒精度（体积分数）	5%~5.2%
苦味值	28IBUs
色度	7EBC

批次规模	20L
估计效率	70%

谷物清单

德国比尔森麦芽	100%-4.5kg

酒花

中早熟哈拉道（4% α-酸）	在第一麦汁添加酒花-40g
中早熟哈拉道（4% α-酸）	煮沸结束之前15分钟-20g
中早熟哈拉道（4% α-酸）	煮沸结束之前1分钟-40g

酵母

科隆酵母，比如WLP029或者Wyeast 2565

可选择酵母：小麦干酵母，比如 Safbrew K-97

其他配料

1片爱尔兰苔藓片（比如Protofloc或Whirlfloc）

1片树叶明胶，后发酵

准备好选择的酵母，需要大量甚至超量接种。清洗准备好酿造设备。

将24L水加热至70℃。根据水质报告，对水进行适宜处理。

投料，保持糖化温度为65℃60分钟。

糖化结束——加热至75℃。

以4L75℃水洗糟，以达到煮沸前麦汁体积，但不要超过22L。

在第一麦汁内添加酒花，煮沸麦汁60分钟，煮沸结束之前15分钟添加风味酒花，停止加热之前添加香型酒花。

冷却麦汁至18℃。检测比重，可以添加无菌水，以达到期望的初始比重。

转移麦汁至干净发酵桶，给麦汁充氧，并接种准备好的酵母。

主发酵温度控制在18~20℃，进行2周。直到连续3天比重数值稳定。主酵前3天，不要让温度超过20℃，否则酒体不干净。

在洁净的容器中，以200mL热水来溶解明胶，将该溶液倒入发酵液中，一天或者两天后，等待啤酒澄清。

装瓶，并添加白蔗糖，添加量为120g，以保证获得2.4~2.5倍体积的二氧化碳。

特种啤酒配方

这是不适合任何具体种类的一类啤酒，但是非常美味可口。大多数是美式爱尔啤酒，但是经过了调整，并且可以让人产生一些完全不同的感受。

这些啤酒都值得酿造，尽管这些啤酒不同寻常，但没理由不酿造20L。不管从哪方面想，这些啤酒并不怪异，也并不过时。它们甚至没有缺陷、也没有酸味。那些都是最后一章的内容，那么我们开始吧。

接骨木花淡色爱尔啤酒

格拉斯哥的7月是接骨木花的季节，传统过剩的接骨木花广为传播，在网上可以看到，所有我所知道的好地方都被接骨木花点缀着。在酿酒日，我会搜集接骨木花，但是公园里和河畔边繁茂的接骨木花往往被偷窃一空。

询问当地家酿超市后，我便沿着高速路跑了15英里到热闹的A号路，店主说越过障碍，就能看到路边成排的接骨木花。在水蜡树、巨型猪草和大荨麻间搜寻了20分钟，我发现了一处接骨木花灌木丛，我采了满满一袋子发霉的接骨木花朵。

一回到家，我便不顾一切地开始酿造工作。当我将麦糟扔到门口箱子时，闻到了成熟接骨木花的腥臭味。我家门后繁茂的灌木丛中就有接骨木花，但我以前从未发现过它们。

如果你想突出接骨木花风味，可以在主发酵之后添加由新鲜的或者干燥的接骨木花制备而成的茶（要在沸水中浸泡，直到达到你想要的风味）。如果你将采来的接骨木花直接加入到冷啤酒中，啤酒会感染野生酵母。当然，那未必是坏事。

目标值：

初始比重	1.054~1.056
最终比重	1.010~1.012
酒精度（体积分数）	5.8%~6%
苦味值	40IBUs
色度	20EBC

批次规模	20L
估计效率	70%

谷物清单

玛丽斯奥特（Maris Otter）麦芽	90.9%-4.5kg
水晶麦芽	6.1%-300g
精白砂糖	3%-150g

酒花

奇努克（13% α-酸）	在第一麦汁添加酒花-20g
西姆科	煮沸结束之前15分钟-20g
奇努克（13% α-酸）	香味浸渍-50g
西姆科	香味浸渍-80g
新鲜接骨木花	香味浸渍-1L新鲜接骨木花，去除茎秆

酵母

西海岸爱尔酵母，比如US-05，WLP001或者Wyeast 1056等

其他配料

1片爱尔兰苔藓片（比如Protofloc或Whirlfloc）

准备好选择的酵母，清洗准备好酿造设备。

26L水加热至71℃。

投料，保持糖化温度为66℃60分钟。

糖化结束——加热至75℃。

以5L75℃水洗糟，以达到煮沸前麦汁体积，但不要超过25L。

在第一麦汁内添加酒花，煮沸麦汁60分钟。煮沸结束之前15分钟，添加酒花，此时也添加澄清剂。

冷却啤酒至75~79℃，添加香型酒花和新鲜的接骨木花。浸泡30分钟，温度不能超过79℃。

冷却麦汁至18℃。检测初始比重，可以添加无菌水，以达到期望的初始比重。

转移麦汁至干净发酵桶，给麦汁充氧，并接种准备好的酵母。

主发酵温度控制在18~20℃进行2周。确保连续3天检测的比重完全相同。

装瓶，并添加白蔗糖，添加量为110g，以保证获得2.4~2.5倍体积的二氧化碳。

燕麦超级淡色爱尔啤酒

这是我在国内比赛之后，被商业化酿造的第一款啤酒。这款浑浊、顺滑、酒花充足的淡色爱尔获得了英国国家家酿第二名。作为赞助商的黑星啤酒厂迅速大规模生产至几个50桶的批量，即16000L。

我们刚开始碰到了一些困难，商业版本并不像家酿的一样好。它依然不错，有一些酒花香，并酿造精细，是一款可饮性极高的桶装淡色爱尔。但是在酒花方面，家酿成功了，商业啤酒失败了。许多商业啤酒厂（包括黑星啤酒厂），酒花用量低得离谱。正如大家所知，若要啤酒有好的香味，就需要大量投入酒花。我们所使用的香味浸渍方式是在99℃添加酒花，并一直进行泵送循环，如此持续1小时。显然，成品啤酒极苦，却没有我们追求的柑橘味。

吸取这些失败的教训来雕琢自己的酿造经验。要一如既往，尊重传统酿造方法，并且理解为什么要那样做，但记住它们的来由通常不再适用了。

目标值：

初始比重	1.054~1.056
最终比重	1.012~1.014
酒精度（体积分数）	5.6%~6%
苦味值	45IBUs
色度	10EBC

批次规模	20L
估计效率	70%

谷物清单

玛丽斯奥特（Maris Otter）浅色麦芽	80%-4kg
小麦芽	8%-400g
燕麦片	8%-400g
水晶麦芽	4%-200g

酒花

西楚（14.1% α-酸）	煮沸结束之前20分钟-20g
亚麻黄（10.7% α-酸）	煮沸结束之前15分钟-20g
西楚（14.1% α-酸）	煮沸结束之前10分钟-20g
亚麻黄（10.7% α-酸）	煮沸结束之前5分钟-20g
西楚（14.1% α-酸）	香味浸渍-40g
亚麻黄（10.7% α-酸）	香味浸渍-40g
西楚（14.1% α-酸）	干投酒花-40g

酵母

英国爱尔干酵母，比如WLP007或者Mangrove Jacks m07

其他配料

1片爱尔兰苔藓片（比如Protofloc或Whirlfloc）

准备好选择的酵母，清洗准备好酿造设备。

26L水加热至69.5℃。

投料，保持糖化温度为65℃60分钟。

糖化结束——加热至75℃。

以5L75℃水洗糟，以达到煮沸前麦汁体积，但不要超过25L。

煮沸麦汁60分钟。煮沸结束之前20分钟、15分钟、10分钟、5分钟分次添加酒花。煮沸结束之前15分钟，添加澄清剂。

冷却啤酒至75~79℃，添加香型酒花。浸泡30分钟，温度不能超过79℃。

冷却麦汁至18℃，可以添加无菌水，以达到期望的初始比重。

转移麦汁至干净发酵桶，给麦汁充氧，并接种准备好的酵母。

主发酵温度控制在18~20℃，进行2周，直到连续3天检测的比重完全相同。

转移麦汁至第二个洁净发酵桶，进行二次发酵，在室温条件下，干投酒花，保持3天。

装瓶，并添加白蔗糖，添加量为120g，以保证获得2.5~2.7倍体积的二氧化碳。

帝王黑麦IPA

与IPA其他变体相比，帝王黑麦IPA是一款与众不同的、大众可以酿造的、具有自身特色的啤酒。

我酿造帝王黑麦IPA灾难性的经历就是在大众面前，我当时正在帮忙对酿造进行演示。酿造时间长而且费劲，但酿造结果却如同灾难一般。我们不知道是什么造成的“烟熏”味，就好像有人在啤酒中添加了烟熏麦芽，但是没有告诉任何人。啤酒最终呈现烧焦味，正如锅内黑色烧焦层所显示的，这是由于我们所使用的锅引起的。我没有因此而退却，我再一次酿造帝王黑麦IPA。这次，我添加了燕麦，因为燕麦能够解决所有酿造问题。

再一次强调，帝王黑麦IPA有明显的烧焦味，令人厌烦，家酿的袋中酿造让我备受挫折感。很明显，酿造袋允许通过的残渣是酿造失败的主要原因，因为残渣落在了热的加热管上，并烧焦了。

幸运的是，当做好所有适当的预防措施时，啤酒就能酿造成功。以该类型的啤酒Firestone Walker Wookey Jack作为标准进行盲评，证明家酿也可以酿造出更好的啤酒。

目标值：

初始比重	1.079~1.081
最终比重	1.016~1.018
酒精度（体积分数）	8%~8.4%
苦味值	70IBUs
色度	70EBC

批次规模	20L
估计效率	70%

谷物清单

玛丽斯奥特（Maris Otter）浅色麦芽	78.4%-6kg
黑麦麦芽	10.5%-800g
水晶麦芽	3.9%-300g
烤小麦	3.9%-300g
焦香特种麦芽III	3.9%-300g

酒花

哥伦布（哥伦布，战斧，宙斯14% α-酸）	第一麦汁添加酒花-50g
西楚（12% α-酸）	香味浸渍-50g
哥伦布（哥伦布，战斧，宙斯14% α-酸）	香味浸渍-50g
西姆科（13% α-酸）	香味浸渍-50g
亚麻黄（8.5% α-酸）	香味浸渍-100g
西姆科（13% α-酸）	干投酒花-50g
西楚（12% α-酸）	干投酒花-50g

酵母

英国爱尔干酵母，比如WLP007或者Mangrove Jacks m07

其他配料

1片爱尔兰苔藓片（比如Protofloc或Whirlfloc）

准备所选择的酵母，你将需要准备大量酵母。清洗准备好酿造设备。

28L水加热至70℃。

投料，保持糖化温度为65℃60分钟。

糖化结束——加热至75℃。

以7L75℃水洗糟，以达到煮沸前麦汁体积，但不要超过26L。

在第一麦汁内添加酒花，并煮沸麦汁60分钟。煮沸结束之前15分钟，添加澄清剂。

冷却啤酒至75~79℃，添加适量的香型酒花，浸泡30分钟，温度不能超过79℃。

冷却麦汁至18℃，可以添加无菌水，以达到期望的初始比重。

转移麦汁至干净发酵桶，给麦汁充氧，并接种准备好的酵母。

主发酵温度控制在18~20℃，进行2周。确保连续3天检测的比重完全相同。

装瓶，并添加白蔗糖，添加量为110g，以保证获得2.4~2.5倍体积的二氧化碳。

西楚炸弹三料IPA

这不是三料啤酒和IPA的结合（但听起来很有趣），这完全是一款双料IPA，但是具有非常高浓度的类固醇。想象一下这款啤酒的液体部分，它是承载酒花风味和香气的容器，你将正确评估这款啤酒的威力。

西楚给啤酒带来美妙的风味、干净的苦味。这款啤酒不粗糙。也可以使用世纪酒花，其后出现的新型酒花：特别是亚麻黄或者马赛克。

现在，我不需要太担心，但是酿造这款啤酒具有潜在的危险。这款啤酒酒花味浓郁，因而需要高发酵度，否则会有甜腻感。是的，你想要这款酒精含量高达12%的啤酒具有可饮性，那么就需要在发酵前几天好好控制发酵温度，否则成品啤酒就可能含有大量的高级醇。如果你让温度降低，酵母会沉降，并且不会再起发。如果在发酵过程中通氧，啤酒很容易氧化。我这么说不是想吓唬你。

目标值：

初始比重	1.098~1.102
最终比重	1.008~1.012
酒精度（体积分数）	12%~12.5%
苦味值	100IBUs
色度	10EBC

批次规模	20L
估计效率	65%

谷物清单

德国比尔森麦芽	89.9%-8kg
白糖	10.1%-900g

酒花

西楚（12% α-酸）	煮沸结束之前15分钟-75g
西楚（12% α-酸）	煮沸结束之前10分钟-75g
西楚（12% α-酸）	煮沸结束之前5分钟-75g
西楚（12% α-酸）	香味浸渍-75g
西楚（12% α-酸）	干投酒花-200g

酵母

西海岸爱尔酵母，比如US-05或者Wyeast 1056等

其他配料

1片爱尔兰苔藓片（比如Protofloc或Whirlfloc）

准备所选择的酵母，你将需要准备大量酵母。清洗准备好酿造设备。

29L水加热至69℃。

投料，保持糖化温度为64.5℃75~90分钟。

糖化结束——加热至75℃。

以8L75℃水洗糟，以达到煮沸前麦汁体积，但不要超过27L。

煮沸麦汁60分钟。煮沸结束之前15分钟、10分钟和5分钟分次添加酒花。煮沸结束之前15分钟，添加澄清剂。

冷却啤酒至75~79℃，添加大量的香型酒花，浸泡30分钟，温度不能超过79℃。

冷却麦汁至18℃，可以添加洁净水，以达到期望的初始比重。

转移麦汁至干净发酵桶，给麦汁充氧，并接种准备好的酵母。

主发酵温度控制在18~20℃，进行2~3周。确保旺盛发酵前3天啤酒处于凉爽的地方，直到连续3天检测的比重完全相同。

转移至第二个发酵桶，干投酒花，保持3天。

装瓶，并添加白蔗糖，添加量为110g，以保证获得2.4~2.5倍体积的二氧化碳。

典型范例世涛

这是本书中最烈的一款啤酒，也是本书中最好的啤酒，而且也是颜色最深的啤酒。

起初酿造这款酒是作为对超烈性美国世涛的敬重而生产的。就像美国人疯狂酿造并过分推崇IPA，他们也如此对待俄罗斯帝王世涛，令人生畏。

随着陈贮时间的延长，这款啤酒会有所改善，不要在所有啤酒中都加入添加剂（比如红辣椒、巧克力或者香草）。如果你想改变啤酒风味，分出一部分，并少量加入即可。建议酿造一半批次的啤酒，因为谷物重量将会弄坏酿造袋，或者压坏你的背，甚至两种情况都会发生。

目标值：

初始比重	1.130~1.134
最终比重	1.036~1.040
酒精度（体积分数）	14%~14.5%
苦味值	100IBUs
色度	300EBC

批次规模	20L
估计效率	55%

谷物清单	
玛丽斯奥特（Maris Otter）浅色麦芽	59.4%-9.5kg
慕尼黑麦芽	15.6%-2.5kg
水晶麦芽	5%-800g
焦香比尔森麦芽	4.6%-800g
巧克力麦芽	3.1%-500g
燕麦片	3.1%-500g
浅色巧克力麦芽	3.1%-500g
巧克力小麦芽	3.1%-500g
烘烤大麦	3.1%-500g

冷浸渍，24小时	
焦香特种III	8.6%-1.5kg

酒花	
奇努克（12% α-酸）	第一麦汁添加酒花-100g
卡斯卡特（5.5% α-酸）	煮沸结束之前1分钟-80g

酵母

西海岸爱尔酵母，比如US-05，WLP001或者Wyeast 1056等

其他配料

1片爱尔兰苔藓片（比如Protofloc或Whirlfloc）

酿造前一天，把焦香特种麦芽倒入盛有3L冷水的桶中或者锅中，这有助于提取黑色，但不影响苦味值

准备所选择的酵母，你将需要准备大量酵母，需要接种的酵母量要超过所计算的数值，超出30%。清洗准备好酿造设备。

将35L水加热至72.5℃，包括过夜的谷物，倾倒谷物时，要过筛或过袋子。投料，保持糖化温度为65℃60分钟。

糖化结束——加热至75℃。搅动醪液，防止过热。悬挂酿造袋于锅体之上，通过谷物回流，以防止焦煳。

以12L75℃水洗糟，以达到煮沸前麦汁体积，但不要超过24L。

在第一麦汁内添加酒花，麦汁转移至煮沸锅，煮沸麦汁60分钟。煮沸结束之前1分钟添加酒花。冷却麦汁至18℃，可以添加无菌水，以达到期望的初始比重。

转移麦汁至干净发酵桶，给麦汁充氧，并接种准备好的酵母。主发酵温度控制在18~20℃，进行3天，控制好发酵温度，以防产生过多的高级醇，然后升高温度到22~23℃保持至少2周，直到连续3天检测的比重完全相同，啤酒酿造就完成了。

装瓶，并添加白蔗糖，添加量为120g，以保证获得2.4~2.6倍体积的二氧化碳。室温下装瓶成熟至少4周。如果主发酵成熟时间延长一段时间，在装瓶时就需要添加更多的酵母。

不按比例添加酒花的啤酒

这款酒送给本书的设计者-Will Webb，他是位经验丰富的家酿师，他十分期待阅读本书。我很感谢他说的几件不错的事情。他说："我有几个问题，你的配方都太浓烈了"。

酒精是风味载体，好的啤酒也不能暴饮，美味的啤酒也要少喝。显然，低酒精度啤酒还是有空间的，有时半升就刚刚好。使用复杂的谷物配比、较高的糖化温度和英式酵母，我们就可以酿造一款低酒精度啤酒，酒体醇厚而不淡薄，添加了大量的酒花，我听到有人这样说这是他们喝的最好的啤酒。Will，这款啤酒正适合你。

目标值：

初始比重	1.042~1.044
最终比重	1.010~1.012
酒精度（体积分数）	4.1%~4.4%
苦味值	40IBUs
色度	14EBC

批次规模	20L
估计效率	70%

谷物清单

德国比尔森麦芽	78%-3.2kg
燕麦片	5%-200g
水晶麦芽	5%-200g
慕尼黑麦芽	5%-200g
黑麦麦芽	7%-300g

酒花

世纪（10% α-酸）	煮沸结束之前75分钟-20g
世纪（10% α-酸）	煮沸结束之前10分钟-20g
亚麻黄（8.5% α-酸）	煮沸结束之前5分钟-20g
亚麻黄（8.5% α-酸）	香味浸渍-60g
世纪（10% α-酸）	香味浸渍-100g
马赛克（7% α-酸）	香味浸渍-100g
马赛克（7% α-酸）	干投酒花-300g

酵母

英国爱尔酵母，可供选择的酵母有怀特实验室WLP002、Wyeast 002或者Safale S-04

其他配料

1片爱尔兰苔藓片（比如Protofloc或Whirlfloc）

准备所选择的酵母，清洗准备好酿造设备。

25L水加热至71℃。

投料，保持糖化温度为66.5℃60分钟。

糖化结束——加热至75℃。

以4L75℃水洗糟，以达到煮沸前麦汁体积，但不要超过25L。

在第一麦汁内添加酒花，煮沸麦汁75分钟。煮沸结束之前15分钟，添加澄清剂和清凉剂。煮沸结束之前10分钟和5分钟分别添加酒花。

冷却啤酒至75~79℃，并添加香型酒花，浸渍30分钟，温度不超过79℃。

冷却麦汁至18℃，可以添加无菌水，以达到期望的初始比重。

转移麦汁至干净发酵桶，给麦汁充氧，并接种准备好的酵母。

主发酵温度控制在18~20℃，进行2周，直到连续3天检测的比重完全相同。

麦汁转移至第二个干净的发酵桶，进行二次发酵，干投酒花，保持3天。

装瓶，并添加白蔗糖，添加量为120g，以保证获得2.5~2.7倍体积的二氧化碳。

（对页）
消毒剂-好喝！

向高手进阶

酿的啤酒越多，你就会更有野心。你想酿造从没喝过的啤酒，并用从未听说过的陌生酵母，在从没有达到的温度条件下发酵。你会购买材料，多次试验。你的银行余额和人际关系也会受到影响。

这是令人兴奋的东西，本章是为那些想让自己酿造能力更上一层楼的人所撰写。这章内容非常非常复杂，我要让本章的内容尽可能精确而简洁。如果你想达到这个阶段，你会对发表的文章更感兴趣，并深入研究酵母菌株。

我的目的是帮助你选择正确的方向。到了这个阶段就只有少许的实践引导。我只给你忠告和建议，这些都是我自己和我的家酿朋友们所学到的一些东西。

广口玻璃瓶，半自动/自动虹吸管

截至目前，我建议使用纯净水桶作为主发酵和二次发酵的容器。纯净水桶就很好，尽管仍有缺点，可以使用龙头来取样和转移啤酒，可以取下盖子方便清洗，也可以互相套着存放它们。

但是这样做有两个缺点，一般认为在塑料桶内容易酿造出劣质啤酒，用水桶酿酒容易感染杂菌而且有氧化风险。当酿造更高级的啤酒类型时（比如拉格啤酒和酸啤酒），这两个危险发生率还会增加。

染菌是更严重的问题。我们要明白，干净的水桶酿造出来的啤酒从不会污染，污染啤酒也是很困难的。我的啤酒污染主要是因为水桶盖没有清洗干净，还有酒瓶没有清洗干净。尽管有时水桶会染菌，但是随后使用相同的水桶和水桶盖酿造出来的啤酒并没有污染。

但仔细检查水桶潜在的污染是很对的。污染物更容易在高比表面积区生长，它们能藏在缝隙中。水桶容易刮花，这就增大了比表面积，而且清洗剂也难以清洗。龙头也特别容易刮花，而且难于清洗。

玻璃广口瓶或者聚酯广口瓶（清洁塑料）内表面很光滑，上部开口较小，污染物很难落入，很难生长，你也不会因用力清洗而刮坏内部。聚酯广口瓶和玻璃广口瓶是无缝的，氧气很难渗入；高密度聚乙烯（塑料桶）则不同。如果要陈贮啤酒很长一段时间，需要将此考虑在内。

广口玻璃瓶确实有缺陷，这也是我不直接推荐它的原因。例如为了检测相对密度，需要使用消毒管或者用硅胶管吸出少量样品。这些方法都很烦人，尽管事先采取了良好的预防措施，但污染的概率依然很高。

另一个缺陷就是没有龙头。将啤酒转移到水桶时，你需要制作虹吸管，可以采用两种方法。第一种是将消毒弯管弯曲成U型；再装上消毒水，用夹子夹住管子底部，并将管子上部插到水桶里面的液体中，之后打开夹子，虹吸管就制作完成了。

不然，你就使用自动弯管（一个良好的小型设备），你可以向下按，以形成虹吸管效应，手动操作很方便，我一直使用该方法。它由三个独立的部分构成，而且很难充分消毒。其次，橡胶清洗管很容易漏气，当啤酒经过时容易接触氧气。这会造成啤酒氧化或者使橡胶管停止工作。

最后，因为手无法进入广口瓶内部，在清洗时就需要采取多种方法。需要事先想好，将它们浸泡在清洗溶液中（比如啤酒粉末清洗剂PBW或者含氧溶液，如除氧剂或者清氧剂）。

如果着急，你可以慎重使用氢氧化钠。如果想用污染过的设备酿造酸啤酒之外的啤酒，使用氢氧化钠是唯一有用的了。20L玻璃广口瓶中加1勺氢氧化钠就能在几分钟内清洗干净。不要用布条或者海绵触碰腐蚀性物质，因为容易引起化学灼伤。此外，它们易溶解。

毫无疑问，当使用氢氧化钠时，必须佩戴橡胶手套和眼镜/防护眼镜，并提示你身边的人。我不只是为了健康和安全才说，这些原料是很可怕的。如果接触它，会烧伤皮肤。千万不要饮用，否则有可能死亡，至少，需要手术才能移除食道内剩余的，你的余生将不得不用吸管进食。已经警告过你了，绝非危言耸听。

让啤酒变臭

如果想在啤酒中添加杂菌，我可能不需要说服你这是一个多么好的主意。有人会觉得酸啤酒是如此不同。酸啤酒可能是复杂的、臭的、口味尖锐的、酸的、粗俗的、水果味的、干爽的，甚至包含上述所有特点。

如果遵循酿造的基本准则，酿造酸啤酒就很简单。酿造原则依旧适用，这就是为什么它出现在靠后的章节的原因。我想你已经读了这本书其余的部分，掌握一些全麦芽啤酒的酿造方法，并且对你的酿造技术很有信心。

主要的不同在于时间，在我们的“野生”啤酒中要添加的主要杂菌正是不想污染我们日常啤酒的酒香酵母、小球菌和乳酸菌，这些杂菌都比酵母菌生长要慢，它们需要花费时间来显示它们的特性。它们至少要几个月的时间，这取决于它们各自的后贮，可能需要一年、甚至更长的时间才能达到期望的风味。

使用完全独立的发酵设备和转移器具来酿造酸啤酒是一个好主意。当我们清洗消毒设备时，就是为了清除可能进入的病原菌。此时病原菌细胞数目很少，只有几百到几千。当酿造酸啤酒时，我们主动促进了成百上千亿的同一种细胞生长。即使最厉害的食品消毒剂，我也不认为能杀死所有的病原菌。

（对页）
蓝莓拉比克

使用什么杂菌呢?

如何让啤酒更时尚，有两种主要方法：接种沉淀中的杂菌和购买已制备好的酸性培养基。

接种沉淀残渣中的杂菌

几乎所有的酸啤酒或者野生啤酒都是接种同一种杂菌进行瓶中后贮，以赋予啤酒独特的风味。如果从你喜欢的啤酒瓶子底部接种酵母，你就会酿造出和它们相似的啤酒，对吗?

差不多吧。实际上，随着时间的流逝，一些杂菌会死掉，其他杂菌会继续生长（至少能保留），这意味着每种杂菌的数量会随着时间而发生变化，你不可能得到像啤酒厂最初酿造的啤酒。

这并不重要，除非你想复制别人的啤酒。不幸的是，复制自然发酵的啤酒是不可能做到的，你不可能再现啤酒厂或家酿接种木桶的环境。只要从你所喜欢的酸啤酒的瓶中残渣接种杂菌，你依然将酿造出不错的啤酒。

因为瓶中酿酒酵母菌株的生命周期很短，在室温条件下，它们会很快死亡。仅仅从瓶中残渣中接种杂菌，这是一个难题，因为酒香酵母与酿酒酵母在啤酒中共存时，酒香酵母能赋予啤酒更明显的风味特性，它不仅会与酵母菌争抢营养，也能给酵母增加胁迫，产生有趣的风味成分。酒香酵母还能忍受压力，经过一段时间，代谢掉死亡的酵母菌，产生有趣的水果酯香。

如果想接种残渣中的杂菌（真的应该），你应该使用酿酒酵母作为主菌株进行发酵。我建议使用塞松酵母，因为它能产生明显的水果酯香。至少，你应该选择比利时酵母菌株，或者是预先制备的杂菌混合物。不管你接种什么杂菌，其所有的特性都会被瓶中酵母菌所掩盖。只有当酵母菌发酵结束、沉淀之后，这些杂菌才开始大量繁殖。

接种预先制备的菌株

对于大部分的酸啤酒，我不建议采取这种方法，至少在没有添加残渣杂菌时不要使用这种方法。如果你要购买“酸混合菌”，你只是加入了很多细胞，但是加入的杂菌并不多，这些随意的单菌株组合，不一定会很好地存活。我在拉比克啤酒中加入“拉比克混合菌”，产生一点点的风味特性都需要花费很长时间。如果你想要干净的酸味，而且不介意时间长短，采用瓶中混合菌是一个不错的选择。

但是如果我想酿造单菌株酒香酵母IPA呢？我需要大量的酒香酵母，这些菌在瓶中生长是很烦人的事，购买这些菌就是很简单的方法了。如果我喜欢的话，我可以将它与酿酒酵母菌株混合来增加更多的风味。

再有就是塞松酵母了。如果我想使用塞松酵母，我就不会只使用瓶底杂菌。单独使用残渣中的杂菌能增加啤酒魅力和酸味，并维持较长的时间。在一定的时间段，不太可能将足够多的酒香酵母和塞松酵母组合在一起，在这种情况下，使用瓶装或袋装的塞松—酒香酵母混合菌就是一个很好的选择。对于那些喜欢塞松啤酒中闻起来像出汗奶牛的畜棚一样味道的人来说，我们也会添加一些比利时坎蒂隆（Cantillon）啤酒残渣。Moo（牛叫声）!

一些大型酵母制造商已经开始生产这种有趣的菌种混合，我和加利福尼亚基础酵母培养商The Yeast Bay的合作就非常好。请一定要检查它们菌种的种类，一定要查阅相关评价，以确保你预定的菌种就是你所需要的。他们公司的一些菌的确不同寻常。

培养啤酒瓶中的酵母

有时，酵母菌株不容易获得。除了瓶中发酵底部的那部分酵母，很多时候很难买到。为了获得足够的酵母，你需要培养瓶装啤酒中的酵母。

这些酵母存在隐患。首先，确保瓶装啤酒中的酵母与发酵所使用的酵母是相同的。在很多高浓度啤酒中，包括几乎所有的比利时修道院啤酒，装瓶时接种了不同的酵母。借助互联网，你可以知道应该寻找何种酵母。

因为那些不是非常健康的酵母，你一定要小心，污染是一个很严重的问题。如果啤酒闻起来或者看起来不正常，务必检查最后是否变成了闻起来不错的杂菌。不要指望它像你所用的单一酵母菌株那样好用。

如果你大量培养，很容易造成酵母残损乃至酵母死亡，酵母培养的关键在于起始量要少，要尽可能少，要保证不污染其他菌。酿造设备不用清洁，但是要无菌。这就意味着，在工作区你需要创造一个对流循环风（超净工作台），以清除掉所有的杂菌。我使用的是汽炉，在酵母容器打开之前开启汽炉。如果你没有，点上蜡烛或者油灯也可以。

在野生酵母啤酒或者自然发酵的啤酒中，不同的酵母和细菌生长速度是不同的，通过培养，最后每种菌的相对数量与开始培养时并不相同。

1. 从冰箱中取出想培养酵母菌的啤酒瓶，瓶子要直立放置，这样可以使酵母落在瓶底。打开瓶盖之前，用打火机、喷灯或者点火器灼烧瓶盖，以快速除去杂菌。也要对瓶盖和开瓶器消毒。

2. 打开瓶子，灼烧瓶口四周，小心倒出除沉淀物外的所有啤酒，再次灼烧瓶口四周，用干净的薄膜盖住瓶口，置于室温下，按下述所述操作，同时品饮啤酒。

3. 在培养酵母之前，将盛装酵母的容器置于一锅水中（放在高压锅中更好）煮沸几分钟即可达到灭菌的目的。我喜欢用果酱罐或者瘦高的玻璃杯，越高越好，因为你晃动培养的酵母时不会溅出。这种瓶子可以用薄膜宽松地覆盖，如此CO_2可以逸出，而杂菌进入不了。如果使用有螺旋盖的容器，即使最小的酵母在生长，你也能辨识出来，因为当你打开盖子时会嘶嘶作响。

4. 在平底锅中加入9g干麦芽提取物（DME）和

100g冷水。将平底锅置于高温炉盘上，随时搅拌，以达到使干麦芽提取物溶解的目的。然后将混合物转移至煮沸锅，一旦沸腾就迅速离开加热。取20g煮沸过的新提取物转移至消毒的玻璃瓶中，给薄膜消毒并置于玻璃瓶顶部，进行自然降温，由于瓶中数量很少，冷却不会花费很长时间。

5. 当新提取物的温度降下来，而且啤酒瓶中沉淀物温度达到室温，将沉淀物加入到20g的液体提取物中，之后消毒并更换薄膜。

6. 在20~25℃下，将混合物放置2~3天，定时旋转晃动，以进行充氧，并混合均匀。因为酵母量很少，还没有进行新陈代谢，需要一段时间才能生长。一定要耐心，这是第一步。

7. 如果在液体顶部能观察到很好的泡沫，就可以大声说“成功了”或者“酵母活了”。做得很好！如果液体闻起来有酸味，说明杀菌消毒不彻底。如果即使晃动瓶子也没有观察到酵母活性，说明酵母可能死了。

8. 一切都顺利的话，应该能生长出足够多的酵母，以继续培养。这时，在平底锅中煮沸200g水，并加入18g干麦芽提取物，沸腾后远离热源，用无菌盖子覆盖，冷却至20~25℃之间（或者将整个锅体置于冷水中）。去除盛装酵母液的覆盖物，灼烧容器边缘，将上述冷却后的干麦芽提取物倒入，并重新用灭菌薄膜覆盖。

9. 旋转晃动，混合均匀，以进行充氧，20~25℃生长几天（酒香酵母需要1周），此时泡沫应该较多，定时晃动以进行充氧。

10. 几天之后，准备培养酵母进入最后一步（2L起发液），这将有足够的酵母来发酵大部分浓度的20L麦汁。如果你酿造高浓度啤酒或者大量的啤酒，或者你对酵母质量或者酵母数量有疑惑，那就需要额外再培养一步。按照之前酿酒日章节步骤1的指示，采用2L、相对密度为1.040的麦芽提取物，制备酵母起发液。

11. 当完成第3步和最后一步，酵母就可以接种了。冷藏发酵剂中的酵母絮凝之后，品尝一下清亮发酵液，可能尝起来不是多么好，因为它是发酵剂而不是啤酒。但是，如果尝起来有臭味或者酸味，就应该丢弃，并寻找其他可替换的酵母。

很难估计接种了多少从瓶中生长的酵母细胞数量，准确评估的唯一方法是使用显微镜和血球计数板。但是，你可以推测。如果你估计或者检测酵母体积，并且输入在线计算器，就会大体知道接种了多少酵母细胞。

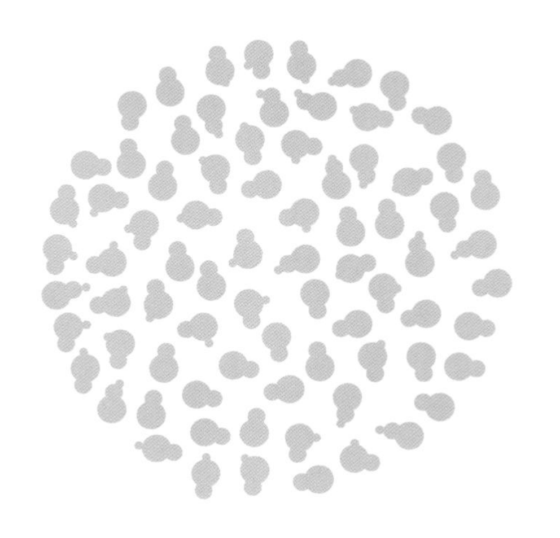

从啤酒瓶中培养酵母

1. 灼烧帽缘

2. 缓慢倒出啤酒，只留沉淀物于瓶底

3. 用消毒薄膜或生物膜盖住瓶口，品尝

4. 准备液体提取物（培养基）

从啤酒瓶中培养酵母

5. 准确称量20g

6. 晃动冷却

7. 将沉淀物倒入广口瓶

8. 发酵

温度控制

我已经在本书中说过10遍了，但是我还是想再说一遍：良好的发酵是酿造优秀啤酒的重要因素，精确的温度控制是良好发酵的一部分。

我们中的大多数人会使用自己的操作系统来保持想要的温度，这需要用湿毛巾包裹发酵容器，以降低发酵温度，或者将发酵桶放在水槽中，采用水族箱加热器使水变暖。但是早晚有一天，你想酿造拉格啤酒，却没有加冰块进行冰浴，以保持冷却状态；或者你想酿造20L啤酒，但是发酵温度却很高，致使啤酒中高级醇含量较高；或者你想酿造好的比利时啤酒，也想良好控温，但是温度下降，导致啤酒发酵度不高。

这种情况下，你需要准确和自动温度控制，实现温度自动化和准确化控制最简单的方法是使用发酵室。对于你我而言，发酵室就是将一台古老的冰箱接通控制开关的温度控制器。

很抱歉，我不想浪费20页来展示如何一步步地拆开冰箱，并连接所有必要的设备。网上有很多详细的指导，在此不再赘述。

如果只是为了空间问题，你可以将冰箱嵌入温度控制器，它带有两个插口。如果冰箱内部温度探针显示温度过高，冰箱中的插口需要插入继电器；如果探针读数太低，温度控制器就会触发与另一个插口相连的管式加热器或者热灯泡。

现在大多数的家酿商店都销售组装好的温度控制器，因此你可以连接一个标准的冰箱。这样的温度控制器很贵，但是你可以在网上的拍卖网站购买一个便宜的用于家庭水族箱的温度控制器，或者你自己制作一个。但一定要让电工检验，另外请不要起诉我。

酿造拉格

酿造拉格并不是那么困难——只是有点不同。

如果你遵循传统的酿造方法，所花费的时间会有点长；如果能很好地控制温度，用两周时间就可以酿造一款很棒的拉格，但是所酿造的拉格有点浑浊。毕竟，拉格一词来自于德语的“贮存”。如果酿造澄清透明的拉格，你或许要将啤酒冷却至0℃，并至少贮存几周。

我上面所说的是纯粹的拉格，但也没有必要固守传统。首先，没人在意你的拉格是否透明，后贮成熟期会增加啤酒的杀口力，但不会影响口味。事实上，后贮也可能会减损麦芽或者酒花特性。

你也可以添加澄清剂来模仿后贮成熟期的口感增强效果，即杀口力。添加较多的爱尔兰苔藓片剂和进行良好的冷却会直接分离除去啤酒中的大部分蛋白质和多酚类物质；如果你不是那种排斥美味肉制品的人，添加明胶也会除掉剩余的蛋白质和多酚类物质。

剩下的就是酵母。一旦完成发酵，酵母就会沉积在罐（桶）体底部，因此要缓慢地转走啤酒。为了瓶内后贮啤酒，你需要保存好从桶内转移到瓶内的啤酒。将啤酒倒出之前一定将啤酒放在冰箱里冷藏2~3天，否则啤酒会浑浊。大多数家酿拉格都有装桶系统，可以对啤酒饱和二氧化碳。

拉格啤酒快速发酵

接下来的是获得清亮拉格啤酒最快速和最方便的方法，这种方法可能与经验丰富的比尔森精酿师极其缓慢的酿造过程是不一样的，但是这种方法已被世界顶级家酿师和商业酿酒师证实该方法可以酿造出干净、杰出的拉格啤酒。

首先，从制作起发液开始准备酵母。你要使用拉格液体酵母；拉格干酵母或者手边能得到的酵母往往是会出问题的。尽量使用德国品种的酵母。切记，酿造拉格你需要大量的酵母，在计算软件中确定已将酵母设定为拉格。

在8~10℃条件下将酵母接种至麦汁中，保持贮存温度8~12℃至少5天。5天之后，你需要检测麦汁比重，并检测发酵度。如果发酵度大于等于50%，你就需要进行下一步；如果发酵度小于50%，就需要等待直到发酵度达到50%。

一旦表观发酵度达到50%，就可以升高温度。温度增加的速度为2℃/12小时，这个升温速度有人会觉得很危险，但是不会引起什么坏情况，直到升温达到18~20℃，保持这个温度让酵母进行发酵，酵母在5~10天内能代谢掉所有的异味物质。

一旦啤酒没有硫味、乙醛或者双乙酰，你可以考虑开始澄清啤酒，将啤酒温度降至0~1℃。如果你这么做，需要添加一片明胶片，明胶片预先溶解在100mL的沸水中。

当该拉格啤酒在0℃存放24小时至1周，已经非常澄清且口味适宜时，可以将啤酒与酵母分离。可以采用与其他啤酒同样的装瓶方法，在瓶内后贮至少1周，温度控制在18~25℃。或者在桶内贮存，继续在桶内成熟。

有很多方法可以酿造拉格啤酒，但是那些方法的酿造时间很长。可以这么说，最懒的方法就是让酵母在拉格啤酒中存在很长一段时间，发酵充分之后，将发酵温度升高至室温。酵母在啤酒中保持一个月不会对啤酒有什么坏的影响。

无论你的计划是什么，关键在于品尝、品尝、再品尝。如果你尝不到双乙酰味道，可以稍微加热一下样品，可能能闻到双乙酰味道。一旦没有双乙酰味了，就可以转移啤酒、进行装瓶了。

建立一个家酿装桶系统

一直以来，我是拒绝装桶的。我酿造啤酒从来不是坐下来自斟自饮的，而是将酿造啤酒作为科学和社交实践，如果没有分享你所引以自豪的啤酒的能力，我认为你会失去很多快乐。

但我使用了装桶系统。我看到了家中酒头中流出的生啤酒，如此高大上，而且又是如此容易。最重要的是，啤酒不需要装瓶。面对如此凌乱的酒头，我的妻子还是心存疑虑，但开始妥协，我已答应给她安装一个普罗塞克（意大利著名葡萄酒）酒头作为补偿。

建立一个装桶系统所需要的设备都可以在网上零售商处购买到，这些设备可以让你提供后贮温度下的啤酒，所以你需要将整套设备安置在阴凉处。很多人都建立“桶装酒制冷系统”，将盛装啤酒的桶存放于一台冰箱或者卧式冷柜内。我使用的是很多酒吧常用的啤酒线型速冷机，它使用不锈钢线圈和冰块给通过的啤酒降温。当然也可以选择其他类型，都可以用于拉格啤酒或者美式爱尔啤酒。

你所需要的

科尼利厄斯（Cornelius）桶——19L的不锈钢桶，适用于软饮料行业。百事可乐型的具有球形连接器；或者可口可乐型，含有密码锁型连接器。两种类型的桶都没有什么优势，只不过百事可乐型桶更常见。最好寻找二手的桶或者翻新的桶，新的都很贵。

CO_2钢瓶——用于对啤酒饱和二氧化碳，避免接触氧气。不要买小瓶装的，宜买大瓶装4kg或者6kg的二氧化碳钢瓶，更经济一些。我自己买了一个，并在当地的灭火器供应商那里灌装二氧化碳。如果你询问当地酒吧经理在哪买的二氧化碳钢瓶，你很快就会找到一个便

建立装桶系统

1. 确保CO_2减压表完好，焊接良好

2. 需要至少一米的气管，从CO_2减压表连接到酒桶上的CO_2进口处

3. 酒桶要合适，有CO_2气体进入口、啤酒出口以及泄压阀

4. 没有断开啤酒出口连接器时，不要试着调整CO_2气管，否则将造成啤酒浪费

宜的当地供应商。或者说上网搜索二氧化碳供应商，问问他们是否卖给家酿师。

CO_2减压表——CO_2减压表可以让你控制桶内压力，也就是啤酒中溶解了多少CO_2。如果可以的话，可以从酒吧中购买一个；着急用的话，采用焊接式减压器也可以。二者唯一的区别就是刻度盘的刻度，焊接式刻度太大，因此通常很难精细化调整压力。

2只快接头——这是连接在发酵桶上的设备，你需要2只，1只连接在"气体进入"的连接头上，另1只连接在"啤酒出口"的连接头上。快接头适用于球形发酵桶或者密码锁型发酵桶，因此要确保所使用的发酵桶是一样的。

2只7/16英寸转换为3/8英寸啤酒管连接头——这是一个的连接件，可以将7/16 英寸螺纹出口连接到3/8英寸啤酒线管上。

3/8英寸螺纹转换为3/8英寸啤酒管连接头——可以将CO_2减压表连接到3/8英寸啤酒管上，使得啤酒管成为CO_2气管。

3/8英寸啤酒管和3/16英寸啤酒管——使用大部分3/8英寸啤酒管来连接二氧化碳减压表和啤酒桶连接阀，大约1m左右，大约需要2m（80英寸）的3/16英寸管。如果你的啤酒线管很短，流出的啤酒将有较多泡沫。这是因为啤酒接出时酒管中的压力与发酵桶中的压力是一样的，这使得啤酒中的二氧化碳迅速释放。相反，如果我们所使用的酒管很长，酒管就会存有阻力。因此，如果额外增加酒管长度，压力就会减小，啤酒流速较慢，泡沫就较少。

2只3/8英寸转换为3/16英寸的啤酒管转接器——用它可以缩减到3/16英寸，然后连接到酒头上。

啤酒酒头——我选择使用塑料酒头，它们很便宜，而且比豪华不锈钢或者铬的酒头更容易找到。

注：1英寸=2.54cm。

建立桶装系统

首先，你要装配CO_2钢瓶。用一个大扳手拧紧连接于CO_2钢瓶上的减压表，然后把3/8英寸啤酒线管拧到3/8英寸螺纹连接器，拧紧3/8英寸啤酒线管连接器上的7/16英寸螺纹。在啤酒桶"气体进口"处连接1m（即40英寸，或者你所需要的长度）气体线管，将另一端连接至CO_2减压表上，检测一下发酵桶是否能保持相应的压力。打开气瓶上的CO_2阀门，但不要开CO_2减压表。将盖子（包括密封圈）盖在所选择的啤酒桶上，在"气体进口"处连接好快接头，拉紧盖子，以密封啤酒桶，打开CO_2减压表直到啤酒桶内压力足够封闭盖子，持续开启压力，直到达到275.8kPa，当然不要超过啤酒桶的最大额定压力。

去除"气体进口"处的快装接头，在啤酒桶盖和连接件上喷洒起泡沫的非清洗消毒剂，观察是否有气泡溢出。如果有泄露，你需要加固密封或者更换。

拉动压力安全阀（它看起来像钥匙圈），以释放内部压力，之后你就可以再次打开桶盖。

装配酒头。将一段短（不超过10cm）的3/8英寸啤酒管连接到"啤酒出口"快装接头处，通过转换插头连接2m的3/16英寸啤酒管，接着通过另一个转换插头，连接到一段短的3/8英寸啤酒管上，最后连接上酒头。

这时候该灌装啤酒了。首先，啤酒桶内部要尽可能干净，你可以用水浸泡或者用海绵擦拭。一旦冲洗干净，煮沸一壶热水，全部将热水倒入啤酒桶内，把桶盖放在啤酒桶上，全方位晃动啤酒桶。啤酒桶内所有部位均导热，如此可以杀死所有杂菌。

倒掉热水，用大量的免冲洗消毒剂冲洗内部，再换桶盖，充分晃动。为了消毒桶内导管，连接CO_2和啤酒管，充入压力迫使消毒剂冲洗导管。之后，排气，并倒出多余的消毒剂。

为了延长啤酒保质期，从“气体进口处”断开快装接头，给啤酒桶充入大量二氧化碳，有助于防止啤酒氧化。

就像将啤酒倒入灌装桶一样，你可以把啤酒倒入啤酒桶，注意不要喷溅，并不要残留下所有沉淀物。盖上盖子，从“气体进入口”充入二氧化碳。

将二氧化碳充压至206.8kPa，然后关闭。拉起压力安全阀，释放压力，这有助于排出残存的氧气。

最后，打开二氧化碳减压表，将啤酒桶充压至你所需要的压力，让啤酒饱和二氧化碳。

强制饱和二氧化碳

当酒液中二氧化碳恒定时，我们可以对啤酒强制饱和二氧化碳。开启CO_2减压表至高压，可以将啤酒桶顶部空间的二氧化碳溶解进啤酒中，此时桶内压力下降，然后要迅速调整减压表。

压力越高，溶解在啤酒中的二氧化碳越多，啤酒就越具有起泡性。高压、低温、顶部空间越大，溶解的二氧化碳就越多。

有两种方法可以使啤酒饱和二氧化碳。首先，是较慢的方法，大约需要一周的时间。以一个快满的罐子为例，打开减压表，以获得足够的压力，然后让二氧化碳缓慢地溶解到啤酒中。

再就是晃动的方法。将压力升至高压（275.8kPa），然后前后剧烈晃动啤酒桶，你会观察到压力表指针下降、然后升高，这是因为减压表调整之前二氧化碳已经溶解到啤酒中了，由于高压和剧烈晃动，二氧化碳会快速地溶解到啤酒中。你可以多次晃动，直到你累了，如此在几小时之内你就能得到饱和二氧化碳的啤酒。但是，高压时不要过多晃动，因为你能很容易地溶解大量二氧化碳进入啤酒，引起泡沫喷涌。

这取决于我们需要多少二氧化碳溶解到啤酒中，就像装瓶时，你需要考虑每瓶啤酒起多少泡沫是一样的。啤酒桶内的压力（即CO_2减压表的读数）直接对应着在一定温度下有多少二氧化碳溶解到啤酒中了。

你可以使用本书中的二氧化碳含量表计算有多少二氧化碳溶解到了啤酒之中，非常方便。

关于糖化规模

本书重点介绍了采用袋式酿造方法所酿造的非常好喝的啤酒。我用较大型的家酿系统酿造了很多次，但从没有体会到其优势所在。所能感受的唯一质量差异在于采用袋式酿造容易造成啤酒有焦煳味，主要是由于袋式酿造过多的渣滓所致。

传统家酿系统的另一优势就是酿造规模，如果你想把每批规模提升至50L的话，一定可以找到方法。但本书对此并不做介绍。

CO_2压力表

温度/℃ \ CO_2体积	1.5	1.6	1.7	1.8	1.9	2	2.1	2.2	2.3
1			1	2	3	4	5	6	7
2			2	3	4	5	6	7	8
3		1	2	3	4	5	6	7	9
4	1	2	3	4	5	6	7	8	10
5	2	3	4	5	6	7	8	9	11
6	2	3	5	6	7	8	9	10	11
7	3	4	5	6	8	9	10	11	13
8	4	5	6	7	8	10	11	12	13
9	4	6	7	8	9	10	12	13	14
10	5	6	7	9	10	11	13	14	15
11	6	7	8	9	11	12	13	15	16
12	6	8	9	10	12	13	14	16	17
13	7	8	10	11	12	14	15	16	18
14	8	9	10	12	13	15	16	17	19
15	8	10	11	13	14	15	17	18	20
16	9	10	12	13	15	16	18	19	21
17	10	11	13	14	16	17	19	20	22
18	10	12	13	15	17	18	20	21	23
19	11	13	14	16	17	19	20	22	24
20	12	13	15	17	18	20	21	23	25
21	13	14	16	17	19	21	22	24	25
22	13	15	17	18	20	22	23	25	26
23	14	16	17	19	21	22	24	26	27
24	15	17	18	20	22	23	25	27	28
25	16	17	19	21	23	24	26	28	29

表的最顶行是溶解在啤酒中的CO_2体积，和我们二次发酵加糖时，所使用的尺度完全一样。同样，美式啤酒二氧化碳含量为2.5体积左右，英式啤酒略低，而比利时啤酒稍高。

左边的一行是啤酒桶内的啤酒温度。通过该表，你就知道CO_2减压表应设置为多少。

举例说明一下，如果啤酒桶内美式IPA的温度为5℃，你想啤酒CO_2体积达到2.5倍体积，就应该设定

2.4	2.5	2.6	2.7	2.8	2.9	3	3.1	3.2	3.3	3.4
8	9	10	11	12	13	14	15	16	17	18
9	10	11	12	13	14	15	16	17	18	19
10	11	12	13	14	15	16	17	18	19	20
11	12	13	14	15	16	17	18	19	20	21
12	13	14	15	16	17	18	19	20	22	23
13	14	15	16	17	18	19	20	22	23	24
14	15	16	17	18	19	20	22	23	24	25
14	16	17	18	19	20	22	23	24	25	26
15	17	18	19	20	21	23	24	25	26	28
16	18	19	20	21	23	24	25	26	28	29
17	19	20	21	22	24	25	26	28	29	30
18	20	21	22	23	25	26	27	29	30	31
19	21	22	23	25	26	27	29	30	31	33
20	22	23	24	26	27	28	30	31	33	34
21	23	24	25	27	28	30	31	32	34	35
22	24	25	26	28	29	31	32	34	35	36
23	25	26	27	29	30	32	33	35	36	38
24	26	27	29	30	32	33	35	36	38	39
25	27	28	30	31	33	34	36	37	39	40
26	28	29	31	32	34	35	37	39	40	
27	29	30	32	33	35	37	38	40		
28	30	31	33	35	36	38	40			
29	31	32	34	36	37	39				
30	32	34	35	37	39	40				
31	33	35	36	38	40					

减压表的压力为13PSI（8.9kPa）。如果你的比利时啤酒为20℃，而且你希望所酿造的啤酒很棒，二氧化碳压力为3体积，那么你需要将减压表设定为35PSI（24.1kPa）。

CTHULHU

酸啤酒和拉格啤酒

酸啤酒和拉格啤酒区别并不是很大，因此我把它们放在同一节。它们都需要相关的酿造技术技巧以及耐心。对于普通家酿者来说，也不是很难酿造或者说不能酿造成功，只是这两种啤酒需要多一点的想法和关注以及金钱投入。

这两种啤酒也值得去花费时间研究，特别是酸啤酒，因为它开启了啤酒界一个全新的风味。我们可以在家里酿造酸啤酒，以前没有酿酒师能做到。我们所酿造的啤酒是独特的，在其他地方是无法重现的，这有点罗曼蒂克。

拉比克

拉比克是我最喜欢的啤酒风格。配方很简单：50%比尔森麦芽、50%未发芽的小麦和老化的、无味的酒花。为什么如此简单的配方却可以赢得全世界啤酒爱好者的尊敬呢?

我相信拉比克啤酒的复杂性是全球饮料之中所无可匹敌的。其超酸的，干爽的酒体能切断一切，之后使你的上颚干净而疼痛。品尝过艾雷岛威士忌的泥煤味，然后尝一小口樱桃（Kriek）啤酒之后，泥煤味便烟消云散。

拉比克啤酒之所以能如此受欢迎与它的故事有一定的关系：古老的拉比克啤酒厂有一个难以置信的传统酿造方法。例如，坎蒂隆（Cantillon）啤酒厂使用复杂的“浊醪”酿造啤酒，就像多步煮出糖化法，每步之间都采用煮沸糖化醪液的方法达到所需要的温度。煮沸之后，冷却啤酒时让屋顶的灰尘进入啤酒中，然后转移至旧橡木桶发酵数年。曾经，他们扩张另一家拉比克啤酒厂房时，使用高压清洗机用拉比克喷洒墙壁来将常驻菌群替换成自己的。

最后的几步有助于提供进行自然发酵的酵母菌和细菌，才使拉比克啤酒如此传统。这就意味着，不仅没有人能够复制一个啤酒厂的后贮，而且就像坎蒂隆啤酒厂也不会酿造出两批完全相同的啤酒。每批啤酒都是不同的，每批啤酒都是独一无二的。

因而，你的拉比克啤酒对你来说也是独一无二的。可以考虑构建你自己的“房间混合菌”，那样你就可以一次次的重复使用，每次都会酿造出不同的啤酒。可以从你最喜欢的拉比克啤酒或其他酸啤酒的瓶中沉淀物开始，聚餐一次或者独自畅饮一晚，保留每只瓶底的沉淀物，将这些沉淀物和正常使用的酿酒酵母菌株一起添加到发酵桶中，继续发酵，可能需要几个月甚至一年，最终你会获得很棒的啤酒产品。

贵兹啤酒（Gueuze）是混合了1~3年的拉比克啤酒。水果拉比克的酿造方法是每升拉比克啤酒中添加200~300g的水果，覆盆子（树莓）啤酒和樱桃啤酒是最常见的，但是杏子啤酒、蓝莓啤酒和大黄啤酒也很好酿造。一旦你认为需要装瓶了，就可以在啤酒中加入果汁，并保存3个月至1年。

目标值：

初始比重	1.050~1.054
最终比重	1.000~1.004
酒精度（体积分数）	5.6%~6.6%
苦味值	0~5IBUs
色度	6EBC

批次规模	20L
估计效率	70%

谷物清单

比利时比尔森麦芽	50%-2.5kg
未发芽小麦	50%-2.5kg

酒花

老化（棕色，太阳晒干）的酒花	第一麦汁添加酒花-100g

酵母

任何比利时酿酒酵母菌株或者拉比克混合酵母，至少使用你最喜欢的3瓶拉比克残渣

准备所选择的酵母，不必担心接种率。清洗准备好酿造设备。

将23L水加热至53℃，开始煮出糖化。

投料，保持糖化温度为50℃30分钟，这是蛋白质休止阶段。

取4L的糖化醪液放入一个大煮锅中，进行煮沸，煮沸后再把它倒回醪液中，搅拌混匀，保持糖化温度60℃30分钟。

再取出4L的醪液进行煮沸，再次倒回，保持糖化温度70℃30分钟。

糖化结束——加热至75℃。如果你喜欢，仍可以通过煮出糖化升温。

以4L75℃水洗糟，以达到煮沸前麦汁体积，但不要超过23L。

在第一麦汁内添加酒花，并煮沸麦汁90分钟。

冷却麦汁至18℃。检测初始比重，可以添加无菌水，以达到期望的初始比重。

转移麦汁至干净发酵桶。这很重要，因为我们不想污染醋酸菌，给麦汁充氧，并接种准备好的酵母和残渣。

主发酵温度控制在18~20℃，进行2个月至1年，或者直到啤酒闻起来有臭味或者尝起来不错、但较酸。

你也可以这样做，将拉比克混合起来品尝，或者转入第二个啤酒桶，啤酒桶中添加所选择的水果，添加量为每升啤酒添加200~300g。

装瓶视啤酒类型而定。我喜欢高二氧化碳的水果拉比克或者混合拉比克啤酒，添加140g的白蔗糖，以保证获得约3倍体积的CO_2。对于非混合型拉比克而言，传统方法是装瓶时不饱和二氧化碳。

柏林白啤酒

柏林白啤酒是一款口味较淡，口感很酸的德国啤酒，通常在柏林酒吧与甜糖浆一起提供给消费者。如何复制这款酸味十足的啤酒，在家酿者之间展开了激烈的讨论，主要有三种生产方法。

最重要的是，有些微生物有增殖杂菌的潜力，并使啤酒和房间闻起来有呕吐的味道，如肠杆菌。我们可以通过加酸（酿造者常用乳酸）来抑制其生长，酿酒师常用乳酸菌，当酿造20L啤酒时，仅用1mL免清洗消毒剂就能搞定。

第一种方法就是跳过煮沸阶段，糖化醪液的可发酵性能给这些细菌提供了生存的机会，而且有助于防止DMS的产生，之后进行麦汁过滤、麦汁冷却、接种你选择的酵母和商业乳酸菌、发酵。

接下来，你就获得了酸醪液。取出一部分糖化醪液（通常是20%~50%），在剩余醪液完成酿造之前，将这部分取出的醪液糖化几天。然后冷却取出的这部分醪液，添加少量富含乳酸菌的谷物，经过2~4天后，醪液将变得更酸。

之后你可以糖化剩余的谷物，通过筛子、滤器或者谷物袋将酸麦汁添加到糖化醪液中，这需要在煮沸之前完成。可能闻起来不舒服，但是所有这些不愉快的气味通过煮沸都可以清除掉。

或者，你可以在煮沸锅酸化，这种方法是现代化啤酒厂广泛生产酸啤酒避免爆瓶的主要方法，该方法非常实用，酸化迅速，而且不污染其他设备，包括糖化、煮沸和冷却，但没有添加酒花。之后，不是接种酵母，而是接种培养的纯乳酸菌，直接加入到煮沸锅中。接下来几天，要注意品尝麦汁，直到达到很好的酸味。

最后一步是，再煮沸并添加所选择的酒花，再次冷却并添加所选择的酵母。我所酿造的最好的柏林白啤酒不外乎是在煮沸锅酸化，并使用一小袋US-05酵母。但也要添加酒香酵母。

目标值：

初始比重	1.030~1.032
最终比重	1.002~1.006，取决于酵母
酒精度（体积分数）	3%~3.5%
苦味值	3 IBUs
色度	5 EBC

批次规模	20L
估计效率	70%

谷物清单

比利时比尔森麦芽	66.7%-2kg
未发芽小麦	33.3%-1kg

酒花

萨兹（4% α-酸）	在糖化阶段添加，随麦糟一同除去-50g

酵母

你自己选择，我喜欢塞松酵母和酒香酵母混合使用如果制作酸糖化醪，决定好你想使用多少谷物。如果全部使用，接下来就需要采用多步煮出糖化法，糖化和煮沸间隔1~3天，这取决于口味。

每使用100g的谷物，就需要添加200g的75℃水至一个塑料水桶，以利于酸化。添加谷物时，注意混合均匀。

让糖化醪冷却几小时，一旦温度降至45℃，添加少许谷物，混合均匀，用薄膜覆盖，培养1~3天。尽可能将它放置在暖和的地方。是的，闻起来令人想吐，但不用担心，煮沸之后就好了。

当你品尝醪液时，很有可能有坏的致病菌。安全起见，品尝之前要煮沸样品。

酿造啤酒的时候，准备好你所选择的酵母，清洗好酿造设备。

将15L水加热至53℃，开始进行煮出糖化。

将剩余的谷物投料，保持糖化温度为50℃30分钟，这是蛋白质休止阶段。

取2L的糖化醪液放入一个大的煮锅中，进行煮沸，再倒回醪液中，搅拌混匀。保持糖化温度60℃30分钟。

再取出2L的浓醪液进行煮沸，再次倒回，保持糖化温度70℃30分钟。

加热至75℃，结束糖化。如果你喜欢也可以通过煮出糖化升温。

以4L75℃水洗糟。

添加酸麦汁，但不要超过22L。

在第一麦汁内添加酒花，并煮沸麦汁90分钟。或者说，你可以煮沸麦汁，但不添加酒花，冷却，在煮沸锅酸化麦汁1~3天。之后，正常煮沸。

冷却麦汁至18℃。检测初始比重，可以添加无菌水，以达到期望的初始比重。

转移麦汁至干净啤酒桶，这很重要，因为我们不想污染醋酸菌，给麦汁充氧，并接种准备好的酵母。或者说，添加少量谷物。

主发酵温度控制在18~20℃，进行2周至2月，这取决于你使用哪种酵母。如果你使用的是酒香酵母，可以获得水果味、臭味的啤酒。

饱和二氧化碳后，装瓶，添加140g的白蔗糖，以保证获得约3倍体积的CO_2。

酒香酵母农舍爱尔啤酒

酿造干爽、复杂塞松（农舍爱尔）啤酒的关键是进行良好的发酵，并使用酒香酵母。

我将酒香酵母单独作为一节进行论述，酒香酵母既是容易感染的有机体，又是出色的、令人兴奋的必需品。但也不完全是这种情况，像其他的物种和酵母菌属一样，也有酒香酵母属。酒香酵母一般很少区分，因此也不太容易理解，能够确定的是这些酒香酵母有些很好，有些就比较差。

关键是选用好的酒香酵母，这需要有从啤酒瓶中培养酵母的经验。酒香酵母很难培养，通常仅在瓶中良好存在。如果缓慢培养，就能从喜爱的啤酒中培养出可靠的酒香酵母。

我很幸运有一个很优秀的朋友Gareth，他是当地家酿社区的酒香酵母培养员。参加聚会时，他会携带1~2个消毒小瓶，以便获得有趣的瓶中沉淀物用于培养。

目标值：

初始比重	1.052~1.056
最终比重	1.002~1.006
酒精度（体积分数）	6%~6.5%
苦味值	28 IBUs
色度	10 EBC

批次规模	20L
估计效率	70%

谷物清单

比利时浅色麦芽	70%-3.5kg
比利时小麦芽	30%-1.5kg

酒花

斯蒂利亚戈尔丁（5.4% α-酸）第一麦汁添加酒花-30g

斯蒂利亚戈尔丁（5.4% α-酸）煮沸结束之前15分钟-20g

酵母

至少一种塞松酵母和一种酒香酵母菌株。WLP670美国农舍混合酵母也很好，Yeast Bay公司的塞松/酒香混合酵母是最好的

准备好所选择的酵母，不必担心酵母接种率。清洗准备好酿造设备。

将23L水加热至69℃。

投料，保持糖化温度为64.5℃90分钟。

加热至75℃，结束糖化。如果你喜欢，也可以采用煮出糖化升温的方法。

以4L75℃水洗糟，以达到煮沸前麦汁体积，但不要超过23L。

在第一麦汁内添加酒花，麦汁煮沸90分钟。

冷却麦汁至18℃，检测初始比重，可以添加无菌水，以达到期望的初始比重。

转移麦汁至干净发酵桶，这很重要，我们不想让这款啤酒感染其他有机体，给麦汁充氧，并接种准备好的酵母和沉淀物。

主发酵温度控制在18~20℃保持至少1~2月，或者直到啤酒闻起来有水果味，甚至有一点臭味。发酵液顶部应该有良好的酒香酵母菌膜。

装瓶，并添加白蔗糖，添加量为140g，以保证获得3倍体积的二氧化碳。不要使用薄壁瓶子。

酒香酵母修道士啤酒

这是对最独一无二的修道院啤酒奥尔瓦（Orval）的致敬。独特是因为这是唯一一款由奥尔瓦圣母修道院道士酿造的；独特是因为这是一款酒体呈淡色、干投酒花的啤酒。最独特之处是这款啤酒采用二次发酵，并使用了酒香酵母。

这款啤酒没有明显的臭味；相反，该款啤酒有明显的辛香、少许水果味以及略酸的口感。装瓶时发酵度不高，这意味着，随着时间的流逝，酵母会慢慢产生越来越多的泡沫。如此，采用厚厚的、圆的奥尔瓦瓶子是必需的，以容纳6倍体积的二氧化碳。

我不建议你家酿这款啤酒。添加酒香酵母之后、装瓶之前至少要陈贮2个月。二次发酵时，添加大量的糖，但不要太多，以防瓶子爆裂。从陈贮的奥尔瓦瓶底培养酵母最好，但是你也可以采用单一品种的酒香酵母。

目标值：

初始比重	1.050~1.054
最终比重	1.003~1.006
酒精度（体积分数）	6%~6.4%
苦味值	30 IBUs
色度	18 EBC

批次规模	20L
估计效率	70%

谷物清单

比利时浅色麦芽	65.2%-3kg
慕尼黑麦芽	17.4%-800g
焦香慕尼黑麦芽	8.7%-400g
调味糖	8.7%-400g

酒花

中早熟哈拉道（4% α-酸）	第一麦汁添加酒 花-40g
斯蒂利亚戈尔丁（5.4% α-酸）	煮沸结束之前15分钟-30g
斯蒂利亚戈尔丁（5.4% α-酸）	干投酒花-30g

酵母

一种比利时修道院酵母，奥尔瓦酵母（WLP510）和酒香酵母菌株，奥尔瓦瓶中培养的最好

准备好所选择的酵母，适量接种酵母。清洗准备好酿造设备。

将23L水加热至70℃。

投料，保持糖化温度为65℃60分钟。

加热至75℃，结束糖化。如果你喜欢，也可以采用煮出糖化升温的方法。

以4L75℃水洗糟，以达到煮沸前麦汁体积，但不要超过24L。

在第一麦汁内添加酒花，麦汁煮沸90分钟。

冷却麦汁至18℃。检测初始比重，可以添加无菌水，以达到期望的初始比重。

转移麦汁至干净发酵桶，给麦汁充氧，并接种准备好的比利时修道院酵母。

主发酵温度控制在18~20℃，保持2周。

转移啤酒至第二个发酵桶，余下酵母和冷凝固物。添加酒香酵母和干酒花，后贮2个月。啤酒闻起来应有水果味和复杂的香气，并且顶部应有酒香酵母菌膜。

装瓶，并添加白蔗糖，添加量为150g，以保证获得3倍体积的二氧化碳。如果瓶子够结实的话，也可以增加二氧化碳量。

臭味佐餐酸啤酒

这款啤酒是我家酿的第一款酒。它是一款塞松啤酒，使用的主要酵母是塞松一酒香混合酵母。但是也使用了其他几款啤酒的残渣，包括来源于Dupont啤酒、De Dolle啤酒、Fantome啤酒以及Orval啤酒的酵母。因此，我一直坚持用这种方法培养酵母，有些像制备面包发酵剂。现在就好多了，因为随时有Cantillon啤酒和山庄（Hill Farmstead）啤酒可用。

装瓶2个月后，啤酒中的沉淀物（准确来说是酵母）开始主导塞松啤酒的初始特征，最终比重为1.002，特别酸，也是我酿造的最有特色的啤酒，比其他啤酒更像拉比克啤酒。

这款啤酒最好的特点就是可饮性，酒精度为4.4%（体积分数），这是最好的夏季啤酒。我自己灌桶，几周就能喝完。

目标值：

初始比重	1.034~1.036
最终比重	1.002~1.004
酒精度（体积分数）	4.2%~4.4%
苦味值	22 IBUs
色度	4 EBC

批次规模	20L
估计效率	70%

谷物清单

浅色玛丽斯奥特（Maris Otter）麦芽	68.6%-2.4kg
燕麦片	31.4%-800g

酒花

东肯特戈尔丁（5.5% α-酸）	第一麦汁添加酒花-30g
东肯特戈尔丁（5.5% α-酸）	煮沸结束之前15分钟-25g

酵母

一种酒香一塞松混合酵母，添加你最喜爱的酸啤酒的沉淀物。在Yeast Bay上可得到好的混合酵母

准备好所选择的酵母和沉淀物，不必担心酵母接种率。清洗准备好酿造设备。

23L水加热至69℃。

投料，保持糖化温度为64.5℃90分钟。

加热至75℃，结束糖化。如果你喜欢，也可以采用煮出糖化升温的方法。

以4L75℃水洗糟，以达到煮沸前的麦汁体积，但不要超过23L。

在第一麦汁内添加酒花，麦汁煮沸90分钟。

冷却麦汁至18℃。检测初始比重，可以添加无菌水，以达到期望的初始比重。

转移麦汁至干净发酵桶，这很重要，因为我们不想让啤酒感染其他醋酸菌，给麦汁充氧，并接种酵母和沉淀物。

主发酵温度控制在18~20℃，保持2~3个月，或者直到啤酒闻起来不错且有臭味，尝起来有酸味。啤酒顶部应有酒香酵母菌膜。

装瓶，并添加白蔗糖，添加量为140g，以保证获得3倍体积的二氧化碳。不要使用薄壁瓶子。

玛丽斯比尔森啤酒

大多数家酿者对拉格啤酒都有些势利，传统上真正的爱尔似乎已将拉格啤酒排除在外，只有酗酒者或者不懂事的儿童才会喜欢拉格啤酒。

但是拉格啤酒非常棒，我认为那些嘲笑者在酿造知识、经验和品评能力方面是有限的。

德国比尔森是这种类型啤酒的顶尖代表，具有面包香味的麦芽特性和神奇的酒花风味。这一款稍有不同，由于格拉斯哥缺乏德国比尔森麦芽，我们采用了100%的英国玛丽斯奥特（Maris Otter）麦芽，如此突出了麦芽味，并使酒体呈现深色，但并不影响可饮性。

家酿比尔森啤酒成功的关键是不要陷入困境，接种温度应尽可能控制在8℃，并接种大量的酵母。之后要控制温度约为8℃，并且要低于12℃，直到发酵度达到50%。达到该发酵度后，你可以逐步升温至20℃。

从酒体干爽角度来看，高温不仅是重要的，而且有助于去除各种异味。其中最糟的是双乙酰（黄油味），在拉格啤酒中尤为明显。双乙酰味没法隐藏，在双乙酰味消失之前不要给啤酒降温。

目标值：

遵循拉格啤酒酿造方法（见章末）

初始比重	1.048~1.050
最终比重	1.010~1.012
酒精度（体积分数）	4.8%~5%
苦味值	37 IBUs
色度	6 EBC

批次规模	20L
估计效率	70%

谷物清单

玛丽斯奥特（Maris Otter）浅色麦芽	100%-4.4kg

酒花

泰特昂（3.2% α-酸）	第一麦汁添加酒花-60g
泰特昂（3.2% α-酸）	煮沸结束之前15分钟-40g
中早熟哈拉道（4% α-酸）	香味浸渍-100g

酵母

德国拉格酵母，比如WLP830或者Wyeast 2124

可选择的酵母：Mangrove Jacks 波西米亚拉格酵母

其他配料

1片爱尔兰苔藓片（比如Protofloc或Whirlfloc）

1片树叶明胶（可选择的）

慕尼黑淡色啤酒

这一定是本书中最好喝的啤酒，是搭配炸牛排和德国泡菜的最好饮品，宜采用1升Stein啤酒杯饮用。

因为麦芽是这款啤酒最基本的原料，我认为减少酒花投入量是最明智的。有时，人们调整为低苦味值，让淡色啤酒尝起来有一点甜味，以此来调整口感。较好的发酵度，即接种适量的酵母，并进行充分的发酵就可以达到上述目的。

为了突出麦芽的全部特性，应该考虑采用煮出糖化法。使用其他方法不会获得该风味特征，尽管使用少量慕尼黑麦芽也不会出错。

目标值：

初始比重	1.046~1.048
最终比重	1.011~1.013
酒精度（体积分数）	4.5%~4.7%
苦味值	23 IBUs
色度	6 EBC

批次规模	20L
估计效率	70%

谷物清单

德国比尔森麦芽	100%-4.3kg

酒花

中早熟哈拉道（4% α-酸）	第一麦汁添加酒花-40g
中早熟哈拉道（4% α-酸）	香味浸渍-60g

酵母

德国拉格酵母，比如WLP830或者Wyeast 2124

可选择的酵母：Mangrove Jacks 波西米亚拉格酵母

其他配料

1片爱尔兰苔藓片（比如Protofloc 或Whirlfloc）

1片树叶明胶（可选择的）

遵循拉格酿造方法（见章末）

慕尼黑深色啤酒

从名字上来说，拉格啤酒并不限定是淡色的、清爽新鲜的、最好在夏季饮用的啤酒。它们有时也是深色的、清爽新鲜的、最好在夏季饮用的啤酒。

慕尼黑深色啤酒是后者。慕尼黑酿造用水在其中起了很大作用，在糖化过程中添加少量烘烤麦芽可以抵消水质的高碱度。

慕尼黑深色啤酒不像世涛一样看起来是黑色的，而是呈现深棕色，这是因为添加烘烤麦芽数量较少所致。不能添加太多的烘烤麦芽，而是添加拉格配方中的基础麦芽。正如配方所示，该深色啤酒的麦芽特性很乏味，一些深色啤酒甚至使用100%的慕尼黑麦芽。

目标值：

遵循拉格酿造方法（见章末）

初始比重	1.048~1.050
最终比重	1.011~1.014
酒精度（体积分数）	4.9%~5.1%
苦味值	30 IBUs
色度	40 EBC

批次规模	20L
估计效率	70%

谷物清单

德国比尔森麦芽	47.8%-2.2kg
慕尼黑麦芽	47.8%-2.2kg
特种焦香麦芽III	4.3%-200g

酒花

泰特昂（4.5% α-酸）	第一麦汁添加酒花-30g
中早熟哈拉道（4% α-酸）	煮沸结束之前15分钟-50g

酵母

德国拉格酵母，比如WLP830或者Wyeast 2124

可选择的酵母：Mangrove Jacks 波西米亚拉格酵母

其他配料

1片爱尔兰苔藓片（比如Protofloc or Whirlfloc）

1片树叶明胶（可选择的）

拉格酿造方法

我不想一次次地叙述之前所描述的拉格酿造方法。那些方法相对传统，而且参数相近。酿造用水量和温度是一样的。使用下面的步骤酿造拉格啤酒，在每次添加酒花之前要仔细检查。记住，酿造任何一款拉格啤酒最重要的就是发酵。在使用这些配方之前，要确保低温发酵。

准备好所选择的酵母，一定要确保所使用的酵母是“拉格型”，需要接种大量酵母，所以你需要准备大量起发液。

准备并清洗好酿造设备。

将22L水加热至69.5℃。采用浸出糖化法。或者是采用50-60-70℃煮出糖化法。

投料，保持糖化温度为65℃60分钟。

加热至75℃，结束糖化。如果你喜欢的话，可以采用煮出法。

以4L75℃水洗糟，以达到煮沸前的麦汁体积，但不要超过24L。

在第一麦汁内添加酒花，将麦汁转移至煮沸锅，煮沸麦汁90分钟。煮沸结束之前15分钟添加澄清剂，并且添加配方中所记录的酒花。

迅速将啤酒冷却至75~79℃，添加香型酒花，浸渍30分钟。

冷却麦汁至8℃。如果你不能用冷却器降至此温度，需要用冰箱。用冷水或者干净的冷冻水，可以帮你降低麦汁温度。

转移麦汁至干净发酵桶，给麦汁充氧，并接种准备好的酵母，温度要求控制在8~12℃。

主发酵温度控制在8~12℃5天，之后检测比重。当表观发酵度达到50%之后，你就可以每12小时升高温度2℃，直到温度达到18℃。保持此温度5天，直到达到最终比重，并且没有异味。

迅速降低温度至0℃，之后添加溶解于少量热水的树叶明胶，当已达到所需要的清晰度时，分离掉酵母，这需要1天的时间。如果你需要超清亮的啤酒，则需要花费14天。

转移啤酒至发酵桶，或者装瓶，并添加白蔗糖，添加量为110g，以保证获得2.3~2.5倍体积的二氧化碳。瓶中啤酒在20~25℃至少保持一周。饮用之前，当然要充分冷却。

自酿材料供应商和致谢

自酿材料供应商

如下这些是同我有贸易往来的公司，他们没有给我提供免费物品，只因他们的产品优良才罗列于此。

THE MALT MILLER–themaltmiller.co.uk

Rob卖给我大部分的酵母和麦芽，以及我所使用的很多设备和杂物。这本书里的所有的水桶、桶盖和发酵桶设备均购自于它。

BREWUK–brewuk.co.uk

当THE MALT MILLER公司缺货时，它是我的第一选择。它有许多酵母和设备可以选择，就是有点贵。

家酿公司–thehomebrewcompany.ie

这些友好的爱尔兰小伙子给我提供了发酵桶和啤酒瓶贴，谢谢你们为我贮存啤酒。

格拉斯哥格伦酿造–innhousebrewery.co.uk

当我缺乏谷物或者需要干酵母时，这个小店拯救了我好几次。

家酿建设者–brewbuilder.co.uk

它有英国最好的不锈钢材料，闪亮、必备、便宜。我喜欢它。

尼克酿造–nikobrew.com

它是很好的美国新鲜酒花供应商，国际邮费低廉。其酒花包装很好，可以长时间贮存。

酒花直接供应商–hopsdirect.com

酒花盛开的季节，有什么比直接从酒花生长处获得的酒花更好的吗？从这可以获得新鲜的酒花，尽快使用。

SCREWFIX–csrewfix.com

就在路边，管件接头百货店，它拥有建设一个完整啤酒厂所需要的一切东西。

致谢

这本书可以只写我的名字，但这不应该。如果没有其他一些人，我是写不出来的，他们都给予我灵感。

从我第一次喝精酿到我决心分享我所酿造的每一款啤酒，Owen一直陪在我身边。谢谢你，这本书为你而写。

尽管他们来自不同出版商，但这个团队密不可分。Sarah，你太棒了。谢谢你在我们写作时的妥善处理和帮助，以顺利完成这本书。James、Tilly和Elliott，感谢你们。谢谢你们为这本书所付出的一切努力！

Andy，你每次都会让我惊奇。第一天以及之后的日子，每当我看到纸上的图片我都很震惊，一定是那个新照相机的功劳。Tim，你的热情好客给予我们很大的帮助。感谢你不断地夸赞我在剑桥的现代化的漂亮房子。

Will，你在台前幕后都很棒。你认识多少家酿设计师呢？封面设计得很好。

显然，Fenella在整个过程中都支持我。我要谢谢我的家人，他们陪伴左右，妈妈、爸爸、Magnus，Martha、Sandy、Dave以及我所有的朋友，特别是Richard和Sarah。

感谢Geof Traill和Gareth Young渊博的知识，感谢Drygate啤酒厂让我们拍摄以及themaltmiller.co.uk一直以来的卓越服务，感谢Wishaw General医院的所有医生和患者，你们与我一起努力，我很感激。

23.3HL
FERM
FV HOPS IN
ON CHILL 24/10 1030
ON CHILL 24/10 1030
FV HOPS IN
D.Rest 21/10 0800
FERM
50HL
FV HOPS IN
ON CHILL 1100 24/10
FV HOPS IN
FV HOPS IN
ON CHILL 23/10
FV HOPS IN
D.Rest 19/10 1045
FERM
(OPEN) TPS Mon 26th
TPS Mon 26th
FRIDAY
CT9
BREW
FILTER
PACKAGE
MILL
Other
Mon:
120HL B.F
→ TPS
Tue:
BF
GE
Wed:
GEx2
Thu:
GEx2
Fri:
GE
AM
Sat
B261/ 262/ 272
BEAR FACE
58HL
IN CT 13/10.
HOPS IN (3 batches)
× CIP BBTs
× DRY HOP
× LABEL
× TOP UP
× CHANGE
EKEGS
EKEGS

RED = Floors, Walls, Tables etc.
YELLOW = Broken Glass ONLY.
GREEN = Process Equipment ONLY.
Electrolux
Yes2
Electrolux

索引

索引

译者寄语

这是一本介绍家庭自酿啤酒的书，书中详细介绍了一些世界经典啤酒的配方和具体操作步骤，内容全面，图文并茂，重点突出，实用性强，是家酿啤酒爱好者的必备用书，同时也是目前火爆全球的精酿啤酒的从业人员、甚至是啤酒厂技术人员不可多得的经典收藏，其中的世界经典啤酒配方也将是他们开发啤酒新产品的重要依据和参考。

目前，精酿啤酒火爆全球，已成星火燎原趋势，究其原因，不外乎精酿啤酒色泽各异、口感新鲜、品种繁多、特色鲜明、彰显个性等特点，和大型啤酒企业生产的主流啤酒形成明显的差异。据美国酿酒师协会（BA）报道，2017年美国精酿啤酒的市场份额为12.7%，比上年增长了5%，而中国精酿啤酒的市场份额大约只有1%左右，还大有发展前途。

何谓精酿啤酒？一般认为，精酿啤酒起源于欧洲古老的啤酒作坊，即将一套迷你型现代化酿酒设备搬进店堂，运用传统工艺，完成啤酒的整个酿造过程，即酿即饮，自产自销，融观赏、酿酒于一体。精酿啤酒口味新鲜，醇厚丰满，完整地保留了精酿啤酒的营养成分，是普通啤酒所无法比拟的。其新颖的造型，华丽的外观，独特的酿造工艺，鲜美的口感，深受大众青睐。自20世纪90年代初开始，中国的精酿啤酒在工厂、大学、科研机构以及宾馆、酒店、娱乐城、综合购物中心如雨后春笋般迅猛发展起来。

精酿啤酒的火爆，也间接刺激了家酿啤酒的迅猛发展，一时间家酿啤酒也如雨后春笋般出现，几乎每个家酿爱好者都可以利用家庭厨房的现有设备进行啤酒酿造，或者购买专业的家酿设备进行啤酒酿造、装瓶等。传统啤酒生产强国，如比利时、德国、美国、日本甚至建有家酿啤酒协会，指导家酿爱好者；中国各地也逐步建成了家酿（自酿）啤酒协会，也经常对家酿爱好者进行培训、指导酿造，也有力地推动了家酿啤酒的发展。

参与本书翻译工作的还有吴梓萌、袭祥雨、魏世雄、成冬冬、任辉等硕士研究生，他们做了大量的初步翻译和文字校对工作，在此致谢。

由于译者水平有限，加之时间仓促，翻译过程中难免有不当、甚至错误之处，请给予批评指正，以便在今后的再版工作中加以完善。

齐鲁工业大学中德啤酒技术中心

崔云前

2018年10月22日

图书在版编目（CIP）数据

自酿啤酒精进指南 /（英）詹姆斯·毛顿著；崔云前译. —北京：中国轻工业出版社，2019.6

ISBN 978-7-5184-2433-7

Ⅰ.①自… Ⅱ.①詹… ②崔… Ⅲ.①啤酒酿造—指南 Ⅳ.① TS262.5-62

中国版本图书馆 CIP 数据核字（2019）第 065008 号

策划编辑：江　娟

责任编辑：江　娟　靳雅帅　　责任终审：唐是雯　　封面设计：奇文云海

版式设计：锋尚设计　　　　　责任校对：吴大鹏　　责任监印：张京华

出版发行：中国轻工业出版社（北京东长安街6号，邮编：100740）

印　　刷：北京富诚彩色印刷有限公司

经　　销：各地新华书店

版　　次：2019年6月第1版第1次印刷

开　　本：889×1194　1/16　印张：16

字　　数：197千字

书　　号：ISBN 978-7-5184-2433-7　定价：98.00元

邮购电话：010-65241695

发行电话：010-85119835　传真：85113293

网　　址：http://www.chlip.com.cn

Email：club@chlip.com.cn

如发现图书残缺请与我社邮购联系调换

161344S1X101ZYW